巧克力聖經

PETIT LAROUSSE

du CHOCOLAT

系列名稱 / 法國藍帶

書　名 / 法國藍帶巧克力聖經

作　者 / 法國藍帶廚藝學院

出版者 / 大境文化事業有限公司

發行人 / 趙天德

總編輯 / 車東蔚

文　編 / 編輯部

美　編 / R.C. Work Shop

翻　譯 / 林惠敏

地址 / 台北市雨聲街77號1樓

TEL / (02)2838-7996

FAX / (02)2836-0028

初版日期 / 2009年11月

定　價 / 新台幣1200元

ISBN / 978-957-0410-79-2

書　號 / LCB 14

讀者專線 / (02)2836-0069

www.ecook.com.tw

E-mail / service@ecook.com.tw

劃撥帳號 / 19260956大境文化事業有限公司

原著作名 PETIT LAROUSSE du CHOCOLAT

作者 法國藍帶廚藝學院

原出版者 Les Editions Larousse

國家圖書館出版品預行編目資料

法國藍帶巧克力聖經

法國藍帶廚藝學院 著；--初版--臺北市

大境文化，2009[民98] 384面；22×28公分.

(法國藍帶系列；LCB 14)

ISBN 978-957-0410-79-2（精裝）

1.點心食譜 2.巧克力 3.法國

427.16　　　　98012291

巧克力聖經

PETIT LAROUSSE du CHOCOLAT

 TK

前言 Préface

藍帶廚藝學院 Le Cordon Bleu...

藍帶廚藝學院，巴黎第一所料理點心專業學校，創立於1895年，為優秀法國料理的國際大使。

藍帶廚藝學院設立近20個國家，超過30所學校，同時進行廚藝與飯店管理的培訓。藍帶廚藝學院自許為法國料理關鍵技術的守門人，並實際為世界效勞。

藍帶廚藝學院歡迎來自世界各地的學生，從最基本到最高深的部分，來發掘法國在廚藝和點心領域的關鍵技術。

課程由藍帶廚藝學院的主廚們、所有餐旅業重要的專業人士所傳授。他們在最著名餐廳內部工作的經驗，以及他們赫赫有名的頭銜，例如「MOF法國最佳職人」（Meilleur Ouvrier de France），證明了本校的師資陣容堅強，並與現今的職業世界接軌。

藍帶廚藝學院的課程享譽國際，不但賦予學生所有職業所需的基本技能，而且也讓他們躋身優秀人材之列。唯有掌握這些技能才能展現其創造力，並在職業生涯中不斷精進。

藍帶廚藝學院亦開放給大眾，並歡迎全世界狂熱的美食家。讓訪客初步學習美食和法式生活藝術，並加入學生的行列（依可使用的空間而定），一同參與主廚的示範教學和實作課程。

藍帶廚藝學院從事無數的相關活動：出版、美食和餐桌藝術產品、認證與諮詢。
此外，藍帶廚藝學院也經營幾家餐廳，尤其是加拿大首都渥太華---北美63間最美味餐廳之一；以及墨西哥舊法國大使館的附屬餐廳，所設非營利餐廳，在墨西哥享有獎助學金的實習生努力下而蓬勃發展。

藍帶廚藝學院的合作夥伴與學生，構成了美食文化和法式生活藝術「大使」的廣大網絡。他們將法國的關鍵技術融入地方提供服務時，也同時搭起了世界的橋樑，促進不同文化之間的溝通。

關於本書 L'ouvrage…

巧克力為糕點師傅所激發的熱情，並不下於老饕眼中的美食。巧克力是種會令人食指大動的食材，然而實作上卻經常相當複雜。因此，在家中備有一本關於巧克力，結合了烹調技能、藍帶廚藝學院的教學法，以及Larousse出版社優質作品的參考書，是不可或缺的。

透過這本以巧克力為題的著作，我們希望以多樣化且附有步驟圖的食譜來分享我們的知識與技術，讓大家無論程度如何，都能隨時依法炮製。

為了更熟悉製作這些甜點所需的技能，全書中配置了逐步的手勢圖。這些圖片讓人得以一窺藍帶廚藝學院所傳授的基礎，以及所有偉大糕點師傅所掌握的技巧。

我們期待本著作可以讓每個人都能輕易上手。因此，儘管這些食譜水準出色，書中總是會以簡單而富有創造力的方式，來呈現這些配方的極致。

此外，我們保證本書的配方使用市售即可獲得的簡單食材所構成，並以容易使用的基本器具進行製作。這些食譜皆經過藍帶廚藝學院的糕點師傅及學生的測試，肯定能獲得最理想的成果。

蛋糕、塔（tarte）、慕斯或糖果（friandise）請從容地翻閱本書所有的食譜和技術，然後發現巧克力的各種風情吧！

祝品嚐愉快

Patrick Martin,
藍帶廚藝學院行政總廚，
教育與發展部門國際副主席

Le Cordon Bleu à travers le monde

LE CORDON BLEU PARIS
8 Rue Léon Delhomme
75015 Paris, France
tél. : +33 (0)1 53 68 22 50
fax : +33 (0)1 48 56 03 96
paris@cordonbleu.edu

LE CORDON BLEU LONDON
114 Marylebone Lane
London, W1U 2HH, UK
tél. : +44 207 935 3503
fax : +44 207 935 7621
london@cordonbleu.edu

LE CORDON BLEU MADRID
Universidad Francisco de Vitoria
Ctra. Pozuelo-Majadahonda
Km. 1,800
Pozuelo de Alarcón, 28223
Madrid, Spain
tél. : +34 91 351 03 03
fax : +34 91 351 15 55
madrid@cordonbleu.edu

LE CORDON BLEU AMSTERDAM
Herengracht 314
1016 CD Amsterdam
The Netherlands
tél. : +31 20 627 87 25
fax : +31 20 620 34 91
amsterdam@cordonbleu.edu

LE CORDON BLEU OTTAWA
453 Laurier Avenue East
Ottawa, Ontario, K1N 6R4, Canada
tél. : +1 613 236 CHEF(2433)
toll free : +1 888 289 6302
fax : +1 613 236 2460
restaurant line : +1 613 236 2499
ottawa@cordonbleu.edu

LE CORDON BLEU TOKYO
Roob-1, 28-13 Sarugaku-Cho,
Daikanyama, Shibuya-Ku, Tokyo
150-0033, Japan
tél. : +81 3 5489 0141
fax : +81 3 5489 0145
tokyo@cordonbleu.edu

LE CORDON BLEU KOBE
The 45th 6F, 45 Harima-machi,
Chuo-Ku,
Kobe-shi, Hyogo 650-0036, Japan
tél. : +81 78 393 8221
fax : +81 78 393 8222
kobe@cordonbleu.edu

LE CORDON BLEU INC.
40 Enterprise Avenue
Secaucus, NJ 07094-2517 USA
tél. : +1 201 617 5221
fax : +1 201 617 1914
toll free number : +1 800 457 CHEF
(2433)
info@cordonbleu.edu

LE CORDON BLEU AUSTRALIA
Days Road
Regency Park, South Australia,
5010 Australia
tél. : +61 8 8346 3700
fax : +61 8 8346 3755
australia@cordonbleu.edu

LE CORDON BLEU SYDNEY
250 Blaxland Road, Ryde
Sydney NSW 2112, Australia
tél. : +61 8 8346 3700
fax : +61 8 8346 3755
australia@cordonbleu.edu

LE CORDON BLEU PERU
Av. Nuñez de Balboa 530
Miraflores, Lima 18, Peru
tél. : +51 1 242 8222
fax : +51 1 242 9209
peru@cordonbleu.edu

LE CORDON BLEU KOREA
53-12 Chungpa-dong 2Ka, Yongsan-Ku,
Seoul, 140 742 Korea
tél. : +82 2 719 69 61
fax : +82 2 719 75 69
korea@cordonbleu.edu

LE CORDON BLEU LIBAN
Rectorat B.P. 446
USEK University – Kaslik
Jounieh – Lebanon
tél. : +961 9640 664/665
fax : +961 9642 333
liban@cordonbleu.edu

LE CORDON BLEU MEXICO
Universidad Anáhuac Norte
Av. Lomas Anahuac s/n.,
Lomas Anahuac
Mexico C.P. 52786, Mexico
tél. : +52 55 5627 0210 ext. 7132 /
7813
fax : +52 55 5627 0210 ext. 8724
mexico@cordonbleu.edu

LE CORDON BLEU MEXICO
Universidad Anáhuac del Sur
Avenida de las Torres # 131,
Col. Olivar de los Padres
C.P. 01780, Del. Álvaro Obregón,
Mexico, DF
tél. : +(52) 55 5628 8800
fax : +(52) 55 5628 8837
mexico@cordonbleu.edu

LE CORDON BLEU THAILAND
946 The Dusit Thani Building
Rama IV Road, Silom
Bangrak, Bangkok
10500 Thailand
tél. : +66 2 237 8877
fax : +66 2 237 8878
thailand@cordonbleu.edu

www.cordonbleu.edu
e-mail : info@cordonbleu.edu

目錄 Sommaire

開始前的一些建議

食材的選擇

書中指定的食材是我們在測試食譜時所使用的食材；這些食材可輕易在市面上找到。在基本食材中，我們使用的是45號麵粉、全脂牛奶、小包泡打粉，以及50克的小雞蛋。選擇「糕點用」和「甜點專用」巧克力（黑、白或牛奶巧克力）為佳。儘管如此，若涉及調溫和／或淋上鏡面，則寧可使用優質的專業巧克力，即可可脂含量約31%的覆蓋巧克力（chocolat de couverture）。

特殊用具

這些食譜所需都是常見的糕點製作器具。不過當中有些可能必須使用到特殊器材：漏斗型網篩（精細的濾器）、裝有圓口或星形擠花嘴的擠花袋、直徑不同的慕斯圈或烹飪溫度計（理想上，電子感測溫度計較便於進行巧克力的調溫）。

烤箱烘焙

食譜中所指示烘焙的溫度和時間，可依烤箱的不同而進行些許調整（見384頁的表格）。我們在試驗這些食譜時，使用的是多功能電子小烤箱。

編註：

1. Vergeoise是法文中的黑糖，依照糖蜜(molsasses)含量的不同將黑糖區分成---Vergeoise brune黑糖／紅糖（英文Brown sugar）糖蜜6.5%，以及Vergeoise blonde二砂糖（英文Light brown sugar）糖蜜3.5%。sucre roux 法文中的紅糖；Cassonade法文中的粗粒紅糖，均是以甘蔗提煉的精製糖，粗細不同，可使用二砂糖製作。

2. feuille guitare是製作巧克力專用的薄紙，以聚乙烯(Polyethylen)或聚氯乙烯(pvc)材料製成。

3. 法國的麵粉分類從編號45到150，編號越少的麵粉筋度越低。本書均使用45號麵粉，也就是低筋麵粉。

4. 1小匙（法文cuill. à café 咖啡小匙）、1大匙（法文cuill. à soupe湯匙）

5. 1包香草糖＝11克，也可用細砂糖及香草精替換。

6. 份量未註明的材料，則表示可依個人的喜好而定。

Gâteaux gourmands et moelleux

柔軟可口的蛋糕

le bon geste pour faire une ganache de base

製作基礎甘那許（ganache）
的正確手法

在這基礎配方中，以相等比例的巧克力和鮮奶油便可獲得相當柔軟的甘那許，用以裝飾或覆蓋在蛋糕上，或是用來裝填塔（tarte）。相對於鮮奶油，若增加巧克力的比例，您會得到較結實的甘那許，最適合用來調配松露和其他糖果。因此，請依據您選擇食譜（範例請參照第66頁）所列出的食材來調整此版本的基底。

①　將300克巧克力約略切碎並放入大碗中。

②　在鍋中將300毫升的鮮奶油加熱至沸騰，然後全部倒入巧克力中。

③　將配料攪拌至冷卻，呈現均質且光亮的濃稠度。靜置在室溫下，直到甘那許能輕易用以塗抹。

le bon geste pour façonner des disques de meringue ou de pâte

製作蛋白霜或麵糊圓餅的正確手法

請依您所選擇的食譜（範例請參照第36、46或68頁）來調配做餅乾、打卦滋（dacquoise）等的蛋白霜或麵糊。

① 使用慕斯圈，用鉛筆在烤盤紙上描出您想要的圓餅直徑。

② 將烤盤紙翻過來，置於烤盤上。在糕點用擠花袋的末端裝上擠花嘴，將擠花袋的下端仔細套入擠花嘴中，以免漏出。用您的手將擠花袋的上端向下折，然後用橡皮刮刀將材料填入。

③ 扭轉擠花袋的上端將空氣趕出，直到材料從擠花嘴中出來，接著從所描繪的圓內製作蛋糕體，從中心開始擠出漩渦狀圓形，然後依據所選擇食譜的指示進行烘烤。

le bon geste pour rouler un biscuit

捲蛋糕體的正確手法

將蛋糕體和用來裝填的鮮奶油準備好，依您所選擇的食譜（範例請參照第18或76頁）烘烤蛋糕體。

① 將預先烤好的蛋糕體置於烤盤紙（或潔淨的布巾）上，在擺放時，側邊不要碰到下面的烤盤。

② 用軟抹刀將鮮奶油抹在蛋糕上，並在四周預留空隙。

③ 從較長的一邊開始將蛋糕體捲起，同時將烤盤紙（或潔淨的布巾）稍稍提起，然後隨著蛋糕體的捲起，逐漸將烤盤紙抽離。接著將邊緣隱藏在蛋糕體下，然後用刀子將兩端整平。

le bon geste pour glacer un gâteau

為蛋糕淋上鏡面的正確手法

準備蛋糕並加以烘烤。依據您所選擇的食譜（範例請參照第24或32頁）準備鏡面，並放至微溫。

① 將蛋糕置於網架上，然後將網架擺放在大碗上。

② 一次將放溫的鏡面淋在蛋糕上，並讓鏡面流到側邊。

③ 使用軟抹刀將鏡面均勻地鋪在蛋糕的整個表面和四周，然後靜置。置於冰箱內30分鐘後再享用蛋糕。

巧克力的幸福
Bonheur de chocolat

6人份

難易度 ★★★

準備時間：30分鐘

烹調時間：25分鐘

· 奶油65克
· 細砂糖190克
· 蛋2顆
· 過篩的麵粉125克
· 過篩的無糖可可粉25克
· 香草精1小匙

烤箱預熱180°C（熱度6）。將直徑20公分的烤模塗上奶油。

在鍋中將奶油以文火加熱至融化。

將糖和蛋隔水加熱，持續攪拌5至8分鐘，別讓混合物加熱過頭。取出隔水加熱的碗，然後用手或電動攪拌器將混合物以高速打發至泛白並起泡。用橡皮刮刀將麵粉和過篩的可可粉一點一點地混入，然後加入融化的奶油和香草精。

將材料裝填至模型的3/4滿，然後放進烤箱裡烘烤25分鐘。在網架上將蛋糕脫模，然後放涼。

主廚小巧思：裝模前可在模型底部和側邊撒上杏仁片，或是為蛋糕撒上糖粉。
這份甜點搭配紅水果醬（coulis de fruits rouges）會相當美味。

巧克力聖誕木柴蛋糕
Bûche de Noël au chocolat

12人份

難易度 ★★★

準備時間：1小時30分鐘

烹調時間：8分鐘

冷藏時間：1小時

蛋糕體

- 杏仁膏150克
- 糖粉60克
- 蛋黃3個
- 蛋白2個
- 細砂糖60克
- 過篩的麵粉100克
- 融化的奶油50克

巧克力甘那許

- 黑巧克力200克
- 液狀鮮奶油250毫升
- 室溫回軟的奶油75克
- 蘭姆酒（rhum）50毫升

蘭姆糖漿

- 水120毫升
- 細砂糖100克
- 咖啡精1小匙
- 蘭姆酒40毫升

咖啡奶油

- 蛋1顆＋蛋黃2個
- 細砂糖160克
- 水80毫升
- 室溫回軟的奶油250克
- 咖啡精（依個人喜好酌量）

◇ 捲蛋糕體的正確手法請參考第14頁

烤箱預熱180°C（熱度6）。在烤盤上覆蓋上一張30×38公分的烤盤紙。

蛋糕體的製作：在碗中以電動攪拌器將杏仁膏和糖粉攪拌至形成小團塊。將蛋黃一個個混入。將蛋白打發至微微起泡。將1/3的糖一點一點地加入，同時持續將蛋白打發至光亮平滑。接著小心地倒入剩餘的糖，然後將蛋白打發至固態狀。將這1/3的蛋白霜和50克過篩的麵粉混入杏仁膏和糖粉的小團塊中。再混入1/3的蛋白霜，然後再加入其餘的麵粉混合。最後，將剩餘1/3的蛋白霜混入，再加入融化的奶油。將這麵糊鋪在烤盤上達5公釐的厚度，並置於烤箱中烘烤約8分鐘，直到蛋糕摸起來柔軟為止。置於網架上冷卻。

巧克力甘那許的製作：將巧克力約略切碎並放入碗中。在平底深鍋中將鮮奶油煮沸，然後淋在巧克力上。在均勻混合後加入奶油和蘭姆酒。將甘那許靜置至可以輕易地用以塗抹。

蘭姆糖漿的製作：將水和糖煮沸。放涼後加入咖啡精和蘭姆酒。

咖啡奶油的製作：將蛋和蛋黃攪打至泛白。在平底深鍋中熬煮糖和水達溫度計的120°C。小心地將這熬煮的糖漿倒入打發的蛋中。持續攪拌至混合物冷卻，然後小心地加入室溫回軟的奶油，接著是咖啡精。

將餅皮浸入蘭姆糖漿中。蓋上一層咖啡奶油，接著用烤盤紙將蛋糕體捲起，然後隨著蛋糕體的捲起，逐漸將烤盤紙抽離。將邊緣藏在木柴蛋糕下。在整個木柴蛋糕上再鋪上一層咖啡奶油，然後冷藏1小時。享用前，以抹刀在木柴蛋糕上鋪上一層巧克力甘那許後再行品嚐。

水果聖誕木柴蛋糕
Bûche de Noël aux fruits

10-12人份

難易度 ★★★

準備時間：1小時30分鐘

烹調時間：8分鐘

冷藏時間：1小時

巧克力指形蛋糕

（biscuits à la cuillère）

· 蛋黃3個

· 細砂糖75克

· 蛋白3個

· 過篩的麵粉70克

· 過篩的無糖可可粉15克

巧克力奶油醬

· 黑巧克力40克

· 吉力丁1片

· 牛奶150毫升

· 蛋黃2個

· 細砂糖50克

· 玉米粉20克

· 液狀鮮奶油200毫升

巧克力糖漿

· 水100毫升

· 細砂糖100克

· 無糖可可粉10克

· 切塊的草莓200克

· 切塊的洋梨1個

· 覆盆子100克

· 黑莓（mûre）100克

· 切塊的奇異果1個

裝飾

· 奇異果、洋梨、草莓、覆
  盆子、黑莓

· 糖粉

烤箱預熱200°C（熱度6-7）。在烤盤上覆蓋上一張30×38公分的烤盤紙。

巧克力指形蛋糕的製作：在碗中攪拌蛋黃和一半的糖，直到混合物泛白並起泡。另一方面，將蛋白與另一半的糖打發至硬性發泡。小心地將打發的蛋白混入蛋黃和糖的混合物。輕巧地將過篩的麵粉和可可粉加入上述混合物中。倒入烤盤，以抹刀整平。置於烤箱中烘烤8分鐘。

巧克力奶油醬的製作：將黑巧克力切碎。將吉力丁浸泡在一些冷水中備用。在平底深鍋中將牛奶煮沸，然後熄火。接著將蛋黃和糖攪拌至混合物泛白，然後加入玉米粉。將一半的熱牛奶倒入這蛋黃、糖和玉米粉的混合物中，攪拌均勻，然後加入剩下的牛奶。將所有材料再次倒入平底深鍋中，以文火加熱，同時不斷攪拌至奶油醬變稠。接著讓奶油醬沸騰1分鐘，同時持續攪拌，然後將平底深鍋熄火。按壓吉力丁，盡可能擠出所有的水分，然後混入材料中。將所有材料倒在碎巧克力上，攪拌均勻。在奶油醬上蓋上一層保鮮膜，放涼，並不時搖動。接著將液狀鮮奶油打發，待微溫時混入巧克力奶油醬中。

巧克力糖漿的製作：將水、糖和巧克力煮沸，放涼。

小心地將水果混入巧克力奶油醬中。在長35公分的木柴形模具中鋪上一張烤盤紙。將指形蛋糕切成分別為13×35公分和5×35公分的兩個長條。將第一個長條擺在模具底部。用巧克力糖漿將蛋糕體浸透，然後鋪上巧克力奶油醬和水果。將第二條蛋糕體浸泡過糖漿，然後擺上去。將木柴蛋糕冷藏1小時後脫模，以新鮮水果和糖粉進行裝飾。

乾果巧克力蛋糕
Cake au chocolat aux fruits secs

12人份

難易度 ★★★

準備時間：25分鐘

烹調時間：50分鐘

放涼時間：15分鐘

・乾杏桃150克
・乾燥的洋梨50克
・去皮的烘烤榛果50克
・開心果（pistache）25克
・糖漬水果100克
・室溫回軟的奶油250克
・糖粉250克
・蛋5顆
・過篩的麵粉300克
・過篩的無糖可可粉30克
・過篩的泡打粉2小匙
　（11克）

烤箱預熱180℃（熱度6）。將25×10公分的水果蛋糕模塗上奶油。

將乾杏桃和乾燥的洋梨切成小塊，然後和榛果、開心果和糖漬水果混合。預留備用。

在碗中以橡皮刮刀將室溫回軟的奶油攪拌至濃稠的膏狀。加入糖粉，打發至整體起泡並發亮。將蛋一個個混入，接著是麵粉、可可粉和過篩的泡打粉。將上述材料攪拌均勻，然後加入水果乾，並輕輕地攪拌。

將上述材料倒入模具中，在烤箱中烘烤50分鐘。在模具中放涼約15分鐘，然後在網架上將水果蛋糕脫模。

主廚小巧思：仔細地裹上一層保鮮膜，此蛋糕冷凍保存可達數星期之久，冷藏可達數日。若您希望的話，亦能製作簡單的水果蛋糕，將水果乾和糖漬水果略去不用。

巧克力覆盆子方塊蛋糕
Carré chocolat-framboise

8-10人份

難易度 ★★★

準備時間：1小時

烹調時間：15分鐘

冷藏時間：15分鐘

薩赫式蛋糕體
（biscuit façon Sacher）

· 巧克力75克

· 可可塊（pâte de cacao）
　50克

· 室溫回軟的奶油125克

· 蛋黃3個

· 細砂糖100克

· 蛋白4個

· 過篩的玉米粉50克

· 過篩的泡打粉1/2小匙
　（2.5克）

巧克力慕斯

· 黑巧克力170克
　（可可脂含量55%）

· 可可塊35克

· 液狀鮮奶油350毫升

· 蛋黃5個

· 細砂糖85克

浸泡糖漿

· 水50毫升

· 細砂糖50克

· 覆盆子汁100毫升

· 覆盆子蒸餾酒
　（eau-de-vie）40毫升

覆盆子鏡面

· 覆盆子65克

· 蜂蜜1或2小匙

· 細砂糖60克

烤箱預熱180℃（熱度6）。在烤盤上覆蓋上一層30×38公分的烤盤紙。

薩赫式蛋糕體的製作：將巧克力和可可塊隔水加熱至融化。離火後，混入室溫回軟的奶油，接著是蛋黃和一半的糖。將蛋白和其餘的糖一起打發，然後混入融化的巧克力和可可塊的混合物中。加入玉米粉和過篩的泡打粉並攪拌均勻。倒在烤盤上，置於烤箱中烘烤15分鐘。

巧克力慕斯的製作：將巧克力和可可塊隔水加熱至融化。然後離火並放至微溫。將液狀的鮮奶油稍微打發，然後冷藏。將蛋黃和糖一起攪拌。以橡皮刮刀一點一點地混入巧克力中，然後加入打發的鮮奶油。

浸泡糖漿的製作：在平底深鍋中將水、糖和覆盆子汁煮沸。將全部材料倒入碗中。放涼，然後加入覆盆子蒸餾酒。

覆盆子鏡面的製作：在平底深鍋中放入覆盆子、蜂蜜和一半的糖，然後將所有材料煮沸。將果膠與其餘的糖混合，然後加進平底深鍋中再次煮沸。放涼。

將薩赫式蛋糕體切成兩個相等的方塊。將第一個方塊浸泡在糖漿中，然後將巧克力慕斯塗在上面。鋪上第二塊蛋糕體，並以糖漿浸透。用抹刀在蛋糕體上塗上覆盆子鏡面。冷藏15分鐘，接著再以泡過熱水的刀子切開並將蛋糕的側邊整平。

主廚小巧思：您可選擇另一種紅色的水果來做鏡面，例如桑葚。若您找不到可可塊，請使用可可脂含量高的巧克力，例如72%的巧克力替換。此外，若您沒有果膠，可以用2片吉力丁代替。

吉涅司方塊蛋糕
Carré de Gênes

4-6人份

難易度 ★★★

準備時間：20分鐘

烹調時間：25分鐘

· 杏仁片
· 奶油60克
· 蛋4顆
· 杏仁含量33%的杏仁膏
  200克
· 過篩的麵粉20克
· 過篩的無糖可可粉10克
· 過篩的泡打粉1/2小匙
  （2.5克）

烤箱預熱160℃（熱度5-6）。將18×18公分的方形蛋糕模具塗上奶油並撒上杏仁片。

在平底深鍋中將奶油加熱至融化，備用。

將蛋一點一點地混入杏仁膏中，然後攪拌約5分鐘，直到混合物泛白並呈現濃稠的緞帶狀：舉起攪拌器時，流下的混合料必須不斷形成緞帶狀。然後混入麵粉、可可粉和過篩的泡打粉，接著是融化的奶油。

將上述材料倒入模具中，裝填至3/4滿，然後置於烤箱中烘烤25分鐘。將吉涅司方塊蛋糕脫模，然後在網架上放涼。

巧克力之心
Cœur au chocolat

8-10人份

難易度 ★★★

準備時間：1小時30分鐘

烹調時間：40分鐘

冷藏時間：50分鐘

巧克力蛋糕

· 奶油140克

· 黑巧克力225克

· 蛋黃4個

· 細砂糖150克

· 蛋白4個

· 過篩的麵粉50克

甘那許（ganache）

· 黑巧克力250克

· 液狀鮮奶油250毫升

裝飾

· 紅色水果（草莓、藍莓
（myrtille）等）

◇ 為蛋糕淋上鏡面的正確手
法請參考第15頁

烤箱預熱180°C（熱度6）。在心形模具（或直徑24公分的圓形模具）中塗
上奶油並撒上麵粉。

巧克力蛋糕的製作：將奶油和切碎的巧克力隔水加熱至融化。將蛋黃和一
半的糖一起攪拌至濃稠、凝結且體積加倍。另一方面，將蛋白打至全發，
同時分多次加入糖。將過篩的麵粉加進蛋黃和糖的混合物中。將上述材料
混入融化的巧克力中。接著小心地將蛋白分三次加入。靜置5分鐘後倒入模
具，然後置於烤箱中烘烤40分鐘。將蛋糕放涼後脫模，冷藏20分鐘。

甘那許的製作：將巧克力約略切碎並放入碗中。將鮮奶油煮沸淋在巧克力
上。攪拌均勻。靜置10分鐘，直到甘那許可以輕易地塗抹開來。

當蛋糕冷卻變硬時，將表面切平。將甘那許塗抹在整個蛋糕上。冷藏30分
鐘。接著以紅色水果裝飾表面。

主廚小巧思：此蛋糕冰藏保存可達2至3天。亦可搭配英式奶油醬或鮮奶油
享用。

辛香梨打卦滋佐酒香巧克力醬
Dacquoise aux poires épicées et sauce chocolat au vin

6人份

難易度 ★★★

準備時間：1小時30分鐘

烹調時間：約35分鐘

打卦滋

· 蛋白4個

· 細砂糖50克

· 過篩的杏仁粉70克

· 過篩的糖粉75克

· 過篩的麵粉30克

甘那許

· 苦甜巧克力90克

　（可可脂含量55到70%）

· 鮮奶油100毫升

· 淡味的蜂蜜15克

· 室溫回軟的奶油35克

辛香梨

· 洋梨6顆

· 檸檬1/2顆

· 奶油30克

· 淡味的蜂蜜40克

· 肉桂粉

· 丁香

· 肉荳蔻粉

· 胡椒粉

酒香巧克力醬

· 巧克力100克

· 紅酒1/2瓶（375毫升）

· 八角茴香3粒

· 水20毫升

· 細砂糖30克

烤箱預熱170℃（熱度5-6）。在烤盤上鋪上一張烤盤紙。

打卦滋的製作：將蛋白和糖一起打發，然後輕巧地混入杏仁、過篩的糖粉和麵粉。將上述材料倒入中型擠花袋中，然後使用一個直徑8公分的慕斯圈，在烤盤上擠上6個麵糊，同時以作巢的方式，將外圈加厚。將麵糊置於烤箱中烘焙20分鐘，接著置於架上冷卻。

甘那許的製作：將苦甜巧克力切碎，置於碗中。將鮮奶油和蜂蜜一起煮開，然後倒進切碎的巧克力裡。用軟刮刀輕輕地攪拌，然後加進奶油。將巧克力奶油醬平均分配並倒在每個打卦滋中央，放著讓它變硬。

辛香梨的製作：將梨子去皮，切成兩半，保留梗，將果核挖出。將1/2顆檸檬擦在梨子上，以防止梨子變黑。在鍋中將奶油、蜂蜜和香料煮沸。加入洋梨，在鍋中煎煮15分鐘，煎煮時一邊攪拌。

酒香巧克力醬的製作：將巧克力切碎。將酒與八角茴香置於鍋中以中火加熱。接著煮至沸騰，讓酒收乾一半。將切碎的巧克力加入，倒入水和糖，再次將所有材料煮開。煮至巧克力完全融化，以漏斗型網篩過濾，然後放涼。

準備6個熱的盤子。在每個盤子裡放入一個打卦滋，並在上方放上兩個切半的熱梨子，然後將一點酒香巧克力醬淋在四周。

喜樂巧克力蛋糕
Délice au chocolat

8人份

難易度 ★★★

準備時間：1小時

烹調時間：20分鐘

冷藏時間：1小時

蛋糕

· 蛋黃6個
· 細砂糖130克
· 蛋白4個
· 過篩的麵粉60克
· 過篩的無糖可可粉30克
· 榛果（或杏仁）粉50克
· 奶油60克

鏡面

· 黑巧克力100克
· 液狀鮮奶油100毫升
· 淡味的蜂蜜20克

編註：
圖片的蛋糕四周蘸上巧克力米裝飾。

烤箱預熱180℃（熱度6）。在18×18公分的方形模具中塗上奶油並撒上麵粉。

蛋糕的製作：將蛋黃和100克的糖一同攪拌，直到混合物泛白並起泡。將打成泡沫的蛋白和其餘30克的糖一起打發至硬性發泡，然後混入蛋黃和糖的混合物中。在碗中混合過篩的麵粉和可可粉，加入榛果粉，然後分三次將材料混入先前的混合物中。在平底深鍋中將奶油煮至融化，接著倒進上述材料。將麵糊倒入模具中，在烤箱裡烘烤20分鐘，直到將餐刀插入蛋糕的中心，拔出時刀身不會沾附麵糊為止。放涼後脫模。

鏡面的製作：將巧克力切成細碎並放入碗中。在平底深鍋中將鮮奶油和蜂蜜煮沸，然後將所有材料淋在巧克力上。攪拌均勻，然後放至微溫。以軟抹刀將此鏡面抹在蛋糕的表面上。至少冷藏1小時，讓鏡面好好地凝結。

主廚小巧思：此蛋糕搭配柳橙雪酪會相當美味可口。

喜樂核桃巧克力蛋糕
Délice au chocolat et aux noix

8-10人份

難易度 ★★★

準備時間：1小時15分鐘

烹調時間：約40分鐘

冷卻時間：2小時

冷藏時間：1小時

核桃蛋糕

· 黑巧克力190克

· 室溫回軟的奶油125克

· 黑糖或紅糖（vergeoise
   brune）125克

· 蛋黃2個

· 核桃碎片90克

· 杏仁粉40克

· 蛋白2個

· 細砂糖40克

鏡面

· 黑巧克力100克

· 液狀鮮奶油100毫升

· 蜂蜜20克

裝飾

· 白巧克力50克

· 核桃仁

◇ 為蛋糕淋上鏡面的正確手
法請參考第15頁

烤箱預熱160℃（熱度5-6）。在直徑20公分的烤模塗上奶油並撒上麵粉。

核桃蛋糕的製作：將黑巧克力切成細碎，預留備用。在碗中以橡皮刮刀將室溫回軟的奶油攪拌至濃稠的膏狀。混入黑糖，攪拌至形成濃稠的乳霜狀。加入蛋黃，接著是切碎的巧克力、核桃碎片和杏仁粉，預留備用。將蛋白打發至微微起泡。一點一點地加入1/3的糖，同時持續將蛋白打發至光亮平滑。接著小心地倒入其餘的糖，將蛋白打發至硬性發泡。輕巧地將此蛋白霜混入巧克力和核桃的麵糊中。倒入模具，在烤箱中烘烤約40分鐘。放涼約2小時，然後在網架上脫模。

鏡面的製作：將巧克力切成細碎並放入碗中。在平底深鍋中將鮮奶油和蜂蜜煮沸，然後淋在巧克力上。攪拌均勻。以軟抹刀將鏡面抹在蛋糕上。冷藏1小時，讓巧克力凝結。

接著，在平底深鍋中將白巧克力煮至融化。倒入圓錐形的烤盤紙小紙袋中，在蛋糕上描繪幾何圖形以作為裝飾並撒上核桃仁。

主廚小巧思：仔細裹上一層保鮮膜，此蛋糕冷凍保存可達數星期之久，冷藏可達數日。

秋葉
Feuille d'automne

6人份

難易度 ★★★

準備時間：1小時30分鐘

烹調時間：1小時

冷藏時間：1小時

杏仁蛋白霜

· 蛋白4個
· 細砂糖120克
· 杏仁粉120克

巧克力慕斯

· 黑巧克力250克
  （可可脂含量55%）
· 蛋白4個
· 細砂糖150克
· 液狀鮮奶油80毫升

裝飾

· 黑巧克力250克
· 無糖可可粉40克
  （或糖粉40克）

◇ 製作蛋白霜或麵糊圓餅的
正確手法請參考13頁

烤箱預熱100℃（熱度3-4）。在兩個烤盤上鋪上烤盤紙。

杏仁蛋白霜的製作：將打成泡沫狀的蛋白和糖一起打發至硬性發泡。逐漸混入杏仁粉，並輕輕混合。將此蛋白霜倒入裝有圓口擠花嘴的擠花袋中，然後從中心開始，在烤盤上擠出3個直徑20公分的螺旋狀圓形。在烤箱中烘烤1小時，然後放涼備用。

巧克力慕斯的製作：將巧克力切塊，以文火隔水加熱至融化。將蛋白攪打至凝固的泡沫狀。將鮮奶油稍微打發。將巧克力從隔水加熱的容器中取出，放至微溫。以橡皮刮刀混入泡沫狀的蛋白，然後加入打發的鮮奶油。預留備用。

將2個烤盤放入溫度50℃（熱度1-2）的烤箱。將裝飾用巧克力隔水加熱至融化，備用。

將第一塊蛋白霜圓餅擺到盤子上，然後塗上薄薄一層巧克力慕斯。將第二塊蛋白霜擺在慕斯上，重覆先前的操作程序，並預留一些慕斯作為裝飾。最後放上最後一塊蛋白霜。冷藏30分鐘。

在這段期間，將2個烤盤從烤箱中取出，然後在每個烤盤上塗上薄薄一層巧克力。於冰箱底層冷卻10分鐘。在蛋糕上鋪上預留的慕斯，接著再度冷藏20分鐘。當巧克力開始凝結，從冰箱中取出烤盤。在室溫下回溫，以三角刮刀刮起巧克力並形成波浪皺褶。收集每一「葉」成形的巧克力，將一部分擺在蛋糕的四周，然後朝上方疊合。將其餘的巧克力葉片擺在蛋糕上並撒上可可粉（或糖粉）。

草莓巧克力蛋糕
Fraisier au chocolat

6-8人份

難易度 ★★★

準備時間：2小時

烹調時間：約25分鐘

冷藏時間：1小時20分鐘

海綿蛋糕（génoise）

· 蛋4顆

· 細砂糖125克

· 過篩的麵粉125克

浸泡糖漿

· 水150毫升

· 細砂糖150克

· 櫻桃酒1.5大匙

巧克力慕司林奶油

（crème moussline）

· 牛奶巧克力160克

· 細砂糖75克

· 蛋黃3個

· 玉米粉30克

· 牛奶400毫升

· 室溫回軟的奶油200克

· 切半的草莓500克

裝飾

· 糖粉

· 杏仁膏200克

　（至少冷藏1小時）

· 切半的草莓幾個（隨意）

· 融化的黑巧克力（隨意）

編註：
圖片的杏仁膏加入食用色素製成粉紅
色後使用。

烤箱預熱180℃（熱度6）。將直徑20公分的烤模塗上奶油。

海綿蛋糕的製作：將蛋和糖於隔水加熱的容器中攪打。取出隔水加熱的容器，用電動攪拌器以最高速打發，直到混合物泛白。小心地將過篩的麵粉分2至3次混入。倒入模具中，裝至3/4滿，然後在烤箱中烘烤約25分鐘。在蛋糕摸起來紮實時取出。在網架上脫模並放涼。

浸泡糖漿的製作：在平底深鍋中將水和糖煮沸。待放涼後加入櫻桃酒。

巧克力慕司林奶油的製作：將巧克力切碎並放入碗中。在另一個碗中將2/3的糖與蛋黃和玉米粉混合。在鍋中將牛奶與剩下1/3的糖煮沸。一邊輕輕地混合，一邊將一部分牛奶倒入蛋黃和糖的麵糊中。將全部材料再倒回鍋中，不斷地攪動至煮沸。接著淋在切碎的巧克力上，攪拌至完全融化為止。用保鮮膜覆蓋表面，放涼。在這段期間，用橡皮刮刀攪拌室溫回軟的奶油，直到奶油呈現濃稠的膏狀。在巧克力奶油冷卻後，用電動攪拌器混入奶油，冷藏20分鐘。

在直徑22公分的慕斯圈中鋪上一部分草莓（切口與模型貼合）。將海綿蛋糕橫剖成兩半，一半置於模型中，並浸以糖漿，塗上一部分的巧克力慕司林奶油，然後放上其餘的草莓。將另一半海綿蛋糕放上去，並浸以糖漿，最後鋪上剩餘的慕司林奶油。冷藏1小時後脫模。

在製作的工作檯上撒上糖粉，然後以擀麵棍鋪上2至3公分的杏仁膏。用慕斯圈在杏仁膏中切割出一塊圓形，然後擺在蛋糕上。最後以草莓、融化的黑巧克力或您預留的巧克力慕司林奶油製作玫瑰花飾以進行裝飾。

杏仁巧克力蛋糕
Gâteau au chocolat et aux amandes

8人份

難易度 ★★★

準備時間：30分鐘

烹調時間：40分鐘

冷卻時間：30分鐘

杏仁巧克力蛋糕

· 黑巧克力150克

· 室溫回軟的奶油170克

· 黑糖/紅糖（vergeoise brune）或二砂/金砂糖（vergeoise blonde）115克

· 蛋3顆

· 杏仁粉175克

· 細砂糖35克

鮮奶油香醍

· 液狀鮮奶油250毫升

· 香草精幾滴

· 糖粉25克

裝飾

· 杏仁片2大匙

烤箱預熱150℃（熱度5）。在直徑22公分的咕咕洛夫（kouglof）模中塗上奶油。

杏仁巧克力蛋糕的製作：將黑巧克力切碎，然後隔水加熱至融化。將奶油和紅糖一起攪拌至呈現濃稠的膏狀。將蛋黃與蛋白分開，將蛋黃一個個加入奶油的調配物中，然後一個個攪拌均勻。接著混入杏仁粉、融化的巧克力，預留備用。將蛋白打發成凝固的泡沫狀，然後加入糖，再打發一會兒。取1/3的蛋白，摻入巧克力的混合物中，接著小心地加入其餘的蛋白。將所有材料倒入模型中，於烤箱中烘烤40分鐘，直到將餐刀插入蛋糕的中心，拔出時刀身不會沾附麵糊為止。待完全冷卻後脫模。

鮮奶油香醍的製作：以攪拌器將鮮奶油和香草精一起打發。當鮮奶油開始變得濃稠時，加入糖粉，並持續打發至全發。將鮮奶油香醍擠在蛋糕上，並撒上杏仁片。

主廚小巧思：為了更輕易打發鮮奶油香醍，請選擇夠深的碗，然後和液狀鮮奶油一同預先冷藏15分鐘。若您找不到黑糖，亦可使用二砂糖或紅糖。

苦甜巧克力蛋糕
Gâteau au chocolat amer

8人份

難易度 ★★★

準備時間：35分鐘

烹調時間：45分鐘

冷藏時間：30分鐘

· 室溫回軟的奶油125克

· 細砂糖200克

· 蛋4顆

· 過篩的麵粉150克

· 過篩的無糖可可粉40克

甘那許

· 苦甜巧克力200克
  （可可脂含量55至70%）

· 液狀鮮奶油200毫升

裝飾

· 巧克力米（vermicelle au
  chocolat）150克

◇ 製作基礎甘那許的正確手
法請參考12頁

烤箱預熱180°C（熱度6）。將直徑20公分的烤模塗上奶油。

在碗中以橡皮刮刀攪拌室溫回軟的奶油至呈現濃稠的膏狀。加入糖，混合至整體呈現乳霜狀。加入一顆顆的蛋，注意別過度攪拌，以免空氣進入。小心地混入過篩的麵粉和可可粉。將混料倒入模型中，在烤箱中烘烤45分鐘，直到將餐刀插入蛋糕的中心，拔出時刀身不會沾附麵糊為止。在網架上脫模，放涼。

甘那許的製作：將巧克力切碎並放入碗中。在鍋中將鮮奶油煮沸，然後倒在切碎的巧克力上，用橡皮刮刀輕輕攪拌。

將蛋糕橫切成兩塊。將第一塊擺在盤上，用抹刀在上面鋪上一層厚度1.5公分，薄薄的甘那許。將第二塊蛋糕蓋上去，然後冷藏30分鐘。

將剩餘的甘那許完全鋪在蛋糕上，接著用巧克力米裝飾四周。最後，以泡過熱水的鋸齒刀在上面畫出同心圓花紋作為裝飾。

主廚小巧思：若您的蛋糕太乾，可用您所選擇的糖漿加以浸泡。您亦能加上鮮奶油香醍的玫瑰花裝飾。

櫻桃巧克力蛋糕
Gâteau au chocolat et aux cerises

8人份

難易度 ★★★

準備時間：2小時

烹調時間：約30分鐘

冷藏時間：1小時30分鐘

巧克力海綿蛋糕（génoise）

· 奶油20克

· 蛋4顆

· 細砂糖125克

· 過篩的麵粉90克

· 過篩的無糖可可粉30克

浸泡糖漿

· 水100毫升

· 細砂糖80克

巧克力慕斯

· 黑巧克力200克

· 液狀鮮奶油400毫升

· 罐裝糖漬櫻桃25顆

烤箱預熱180℃（熱度6）。將直徑20公分的烤模塗上奶油。

巧克力海綿蛋糕的製作：在平底深鍋中將奶油加熱至融化。將蛋和糖裝入碗中，放進隔水加熱的容器中加熱5到8分鐘，同時以攪拌器攪拌，直到混合物泛白並呈現濃稠的緞帶狀；舉起攪拌器時，流下的混合料必須不斷形成緞帶狀。將混合物從隔水加熱的容器中取出，用電動攪拌器以最高速攪拌至冷卻為止。分2至3次加入過篩的麵粉和可可粉，接著小心但迅速地混入微溫的奶油。倒入模型中，於烤箱中烘烤25分鐘，直到海綿蛋糕摸起來柔軟，而且將餐刀插入蛋糕的中心，拔出時刀身不會沾附麵糊為止。放涼幾分鐘，然後在網架上脫模。

浸泡糖漿的製作：將水和糖煮沸，然後放涼。

巧克力慕斯的製作：將巧克力隔水加熱至融化。將鮮奶油打發至凝固。將2/3的鮮奶油倒入融化的巧克力中，用力地打發，然後加入其餘的鮮奶油。為慕斯蓋上保鮮膜，然後置於陰涼處30分鐘。

將海綿蛋糕橫切成兩塊。將第一塊擺在盤上，用毛刷刷上糖漿。然後鋪上一層厚厚的巧克力慕斯。將櫻桃散佈在慕斯上。將第二塊海綿蛋糕浸泡糖漿，接著蓋在蛋糕上。冷藏1小時。用其餘的巧克力慕斯和幾顆櫻桃進行裝飾。

主廚小巧思：使用裝有星形擠花嘴的擠花袋來擠上巧克力慕斯；這樣的效果相當於職業水準。

覆盆子巧克力蛋糕
Gâteau au chocolat et à la framboise

8-10人份

難易度 ★★★

準備時間：2小時30分鐘

烹調時間：8分鐘

冷藏時間：1小時10分鐘

巧克力指形蛋糕

（**biscuit à la cuillère**）

· 蛋4顆

· 細砂糖125克

· 過篩的麵粉90克

· 過篩的無糖可可粉30克

浸泡糖漿

· 水100毫升

· 細砂糖50克

· 覆盆子利口酒（crème de framboise）50毫升

巧克力慕斯

· 黑巧克力250克

  （可可脂含量55%）

· 液狀鮮奶油500毫升

鏡面

· 黑巧克力140克

· 液狀鮮奶油200毫升

· 淡味的蜂蜜25克

裝飾

· 新鮮覆盆子350克

◇ 為蛋糕淋上鏡面的正確手法請參考第15頁

烤箱預熱180°C（熱度6）。依您烤箱的大小，在1或2個烤盤上放上烤盤紙，然後在上面畫出3個直徑20公分的圓。

巧克力指形蛋糕的製作：將蛋黃和蛋白分開。在碗中攪拌蛋黃和一半的糖，直到混合物泛白並起泡為止。將蛋白和另一半的糖打成硬性發泡。小心地混入蛋黃和糖的混合物。輕巧地將過篩的麵粉和可可粉加進麵糊中。將此麵糊倒入裝有圓口擠花嘴的擠花袋中。在預先畫出的3個圓中擠出3個圓形麵糊，從中心開始擠出螺旋狀的圓形。於烤箱中烘烤8分鐘。接著將蛋糕體靜置備用。

浸泡糖漿的製作：在鍋中將水和糖煮沸，接著將此糖漿倒入碗中。放涼後加入覆盆子利口酒。

巧克力慕斯的製作：將巧克力約略切碎，然後隔水加熱至融化。將鮮奶油打發。一次倒在熱巧克力上，同時快速打發。

鏡面的製作：將巧克力切成細碎並放入碗中。在平底深鍋中，將鮮奶油和蜂蜜煮沸，接著淋在巧克力上。攪拌均勻。

將第一塊巧克力指形蛋糕浸泡糖漿。鋪上1/3的巧克力慕斯，然後撒上1/3的覆盆子。重複一次同樣的步驟，接著將最後一塊圓形蛋糕體放上去。用軟抹刀將剩餘1/3的巧克力慕斯鋪在蛋糕上，然後置於陰涼處20分鐘。將鏡面再次加熱，然後倒在蛋糕上，以抹刀整平。冷藏50分鐘，讓巧克力凝固。在享用前，用剩餘的覆盆子進行裝飾。

榛果巧克力蛋糕
Gâteau au chocolat et aux noisettes

6-8人份

難易度 ★★★

準備時間：20分鐘

烹調時間：35分鐘

・牛奶130毫升
・細砂糖100克
・香草莢1根
・苦甜巧克力100克
　（可可脂含量55至70%）
・榛果巧克力醬（pâte à
　tartiner au chocolat et
　aux noisettes）35克
・室溫回軟的奶油30克
・蛋2顆
・過篩的麵粉100克
・過篩的泡打粉1小匙
　（5.5克）
・榛果粉25克

烤箱預熱180°C（熱度6）。將直徑20公分的烤模塗上奶油。

在鍋中將牛奶、20克的糖，以及已經剖成兩半並以刀尖刮下內容物的香草莢煮沸。放涼。

將巧克力和榛果巧克力醬一起隔水加熱至融化。

在碗中將室溫回軟的奶油和其餘的糖攪拌至呈現濃稠的膏狀。加入一顆顆的蛋，將蛋一顆顆攪拌均勻。加入融化的巧克力和榛果巧克力醬，接著是1/3過篩的麵粉和泡打粉。

取出牛奶中的香草莢，分2次將牛奶和其餘過篩的麵粉與泡打粉混合物加入巧克力的麵糊中。接著混入榛果粉。

倒入模型，在烤箱中烘烤35分鐘。待完全冷卻後脫模。

主廚小巧思：您可以使用25克完整的榛果來取代榛果粉。將榛果磨碎，擺在鋪了烤盤紙的烤盤上，然後在160°C（熱度5-6）的烤箱中烘烤5分鐘，讓榛果稍微上色。

媽媽蛋糕
Gâteau de maman

10-12人份

難易度 ★★★

準備時間：20分鐘

烹調時間：30-35分鐘

· 黑巧克力195克
· 奶油150克
· 蛋6顆
· 細砂糖300克
· 過篩的麵粉95克
· 咖啡精1大匙

烤箱預熱160℃（熱度5-6）。在容量2.5公升的圓形烤盆裡塗上奶油。

將巧克力約略切碎，然後和奶油一起隔水加熱至融化。

將3顆蛋的蛋黃與蛋白分開。在碗中混合蛋黃、最後3顆完整的蛋，以及250克的糖，並攪拌至呈現發泡的濃稠狀。另一方面，將打成泡沫的蛋白和剩餘的糖攪拌至硬性發泡。

小心地將融化的巧克力混入蛋黃和糖的混合物中，接著是打成泡沫狀的蛋白。加入過篩的麵粉，接著是咖啡精。將所有材料倒入烤盆中。

將烤盆放入裝有熱水的較大盆子中，然後於烤箱中隔水加熱約30至35分鐘，直到只剩下蛋糕的中央會顫動為止。從烤箱中取出，冷卻一會兒後享用。

主廚小巧思：為取得咖啡精，請將80克的研磨咖啡浸泡在150毫升的熱水中。若有必要的話，您亦能加入1小匙等量的即溶咖啡。此蛋糕搭配當季的新鮮水果享用會更令人讚賞。

GÂTEAUX GOURMANDS ET MOELLEUX **51**

無花果巧克力軟心蛋糕
Gâteau moelleux au chocolat et aux figues

8人份

難易度 ★★★

浸泡時間：1個晚上

準備時間：1小時

烹調時間：45分鐘

・乾無花果200克
・蜜思嘉葡萄酒（muscat de Frontignan）1/2瓶
・牛奶120毫升
・細砂糖100克
・香草莢1/2根
・苦甜巧克力100克
（可可脂含量55至70%）
・室溫回軟的奶油30克
・蛋2顆
・過篩的麵粉100克
・過篩的泡打粉1/2小匙
（2.5克）

編註：
蜜思嘉Muscat是葡萄品種名稱；
Frontignan 是法國地名。

前一天晚上，將乾無花果置於碗中。以蜜思嘉葡萄酒蓋過，浸泡一整晚。

當天，烤箱預熱180°C（熱度6）。將直徑20公分的烤模塗上奶油。

將牛奶、20克的糖，以及已經剖成兩半並以刀尖刮下內容物的香草莢煮沸。牛奶一沸騰就熄火，然後放涼。

將無花果瀝乾並切成小塊。

將巧克力隔水加熱融化，然後放涼。

將室溫回軟的奶油和剩餘的糖一起攪拌，直到呈現濃稠的乳霜狀。混入融化的巧克力，接著加入一顆顆的蛋，將蛋一顆顆攪拌均勻。小心地加入1/3過篩的麵粉和泡打粉。取出香草莢，將一半冷卻的牛奶倒入麵糊中。再混入1/3麵粉和泡打粉的混合物以及另一半冷卻的牛奶，然後倒入最後1/3的麵粉和泡打粉。最後，用橡皮刮刀將無花果塊混入麵糊中。將模型裝至3/4滿，烘烤約45分鐘，直到將餐刀插入蛋糕的中心，拔出時刀身不會沾附麵糊為止。將蛋糕放涼幾分鐘後脫模。

主廚小巧思：您可用其他的乾果來取代無花果，例如乾洋梨、桃子或杏桃。

巧克力杏桃小麥蛋糕
Gâteau de semoule au chocolat et à l'abricot

6人份

難易度 ★★★

準備時間：45分鐘

烹調時間：50-55分鐘

冷卻時間：2小時

- 牛奶500毫升
- 細砂糖60克
- 香草莢1根
- 乾杏桃60克
- 粗粒小麥粉
  (semoule de blé) 80克
- 蛋3顆
- 巧克力豆 (pépite de chocolat) 60克

裝飾
- 新鮮覆盆子
- 新鮮杏桃
- 新鮮薄荷葉
- 覆盆子醬 (隨意)

在鍋中將牛奶、一半的糖，以及已經剖成兩半並以刀尖刮下內容物的香草莢煮沸。將乾杏桃切丁加入牛奶，倒入小麥粉，並一邊翻攪。以文火煮20到25分鐘，直到小麥粉吸收一部分的牛奶。待小麥粉煮熟後，將平底深鍋熄火，稍微放涼。

烤箱預熱160℃（熱度5-6）。將直徑20公分的烤模塗上奶油。在一張烤盤紙上裁剪出一個模型大小的圓，然後擺放在模型底部。

在碗中將蛋和剩餘的糖一同攪拌，然後加入小麥粉的麵糊。將麵糊倒入模型，撒上巧克力豆，於烤箱中烘烤30分鐘。放涼至少2小時後享用。

將蛋糕切成幾等份。搭配覆盆子、杏桃享用，並以薄荷葉或覆盆子醬作為裝飾。

主廚小巧思：您亦能在倒入小麥粉和巧克力豆之前，將烤模塗上焦糖。一脫模，蛋糕就能如願地裹上一層酥脆的焦糖。

覆盆子巧克力海綿蛋糕
Génoise au chocolat et à la framboise

8人份

難易度 ★ ★ ★

準備時間：30分鐘

烹調時間：25分鐘

巧克力海綿蛋糕（génoise）

· 奶油20克

· 蛋4顆

· 細砂糖125克

· 過篩的麵粉90克

· 過篩的無糖可可粉30克

· 覆盆子果醬120克

· 糖粉

烤箱預熱180℃（熱度6）。將直徑20公分的烤模塗上奶油。

巧克力海綿蛋糕的製作：將奶油在平底深鍋中加熱至融化，然後放至微溫。將蛋和糖隔水加熱5到8分鐘，同時用攪拌器攪拌，直到混合物泛白並呈現濃稠的緞帶狀；舉起攪拌器時，流下的混合料必須不斷形成緞帶狀。將混合物從隔水加熱的容器中取出，用電動攪拌器以最高速攪拌直到冷卻為止。分2至3次加入過篩的麵粉和可可粉，然後小心但迅速地混入微溫的奶油。倒入模型，於烤箱中烘烤25分鐘，直到海綿蛋糕摸起來柔軟，而且可以脫離模型的邊緣為止。放涼幾分鐘後，在網架上脫模。

用鋸齒刀將冷卻的海綿蛋糕橫切成2塊相等的圓形蛋糕體。在第一塊蛋糕體上塗上覆盆子果醬，接著蓋上第二塊，並撒上糖粉。

主廚小巧思：製作海綿蛋糕，隔水加熱的水不應過熱，讓麵糊能夠維持體積。如此一來，蛋糕能夠適當地膨脹，而且較為清淡。

巧克力大理石蛋糕
Marbré au chocolat

8人份

難易度 ★★★

準備時間：30分鐘

烹調時間：50分鐘

· 室溫回軟的奶油250克
· 糖粉260克
· 蛋6顆
· 蘭姆酒50毫升
· 過篩的麵粉300克
· 過篩的泡打粉2小匙
　（1.1克）
· 無糖可可粉25克
· 牛奶40毫升

烤箱預熱180°C（熱度6）。將28×10公分的蛋糕模型塗上奶油並撒上麵粉。

將室溫回軟的奶油和糖粉攪拌至呈現濃稠的乳霜狀。加入一顆顆的蛋，將蛋攪拌均勻再加下一顆。倒入蘭姆酒，接著混入過篩的麵粉和泡打粉。將麵糊分成兩等份。將可可粉摻入牛奶並加以攪和，然後逐步混入其中一半的麵糊中。

用兩支大湯匙，輪流將純麵糊和可可麵糊填入模型中。於烤箱中烘烤50分鐘，直到將餐刀插入蛋糕的中心，拔出時刀身不會沾附麵糊為止。

主廚小巧思：您亦能使用2個長18公分的小蛋糕模型，而且務必要將烘烤時間縮短為20分鐘。

開心果巧克力大理石蛋糕
Marbré au chocolat
et à la pistache

15人份

難易度 ★★★

準備時間：40分鐘

烹調時間：1小時

冷卻時間：10分鐘

巧克力麵糊

· 奶油60克

· 蛋3顆

· 細砂糖210克

· 液狀鮮奶油90毫升

· 鹽1撮

· 過篩的麵粉135克

· 過篩的無糖可可粉30克

· 過篩的泡打粉1小匙
  （5.5克）

開心果麵糊

· 奶油60克

· 水1大匙

· 細砂糖200克

· 淡味的蜂蜜1小匙

· 開心果35克

· 蛋3顆

· 液狀鮮奶油90毫升

· 鹽1撮

· 過篩的麵粉165克

· 過篩的泡打粉1小匙
  （5.5克）

烤箱預熱160°C（熱度5-6）。將長28公分的蛋糕模型塗上奶油。

巧克力麵糊的製作：將奶油在平底深鍋中加熱至融化，然後放涼數分鐘。在碗中將蛋和糖一同攪拌至混合物泛白並起泡。接著加入鮮奶油、融化的奶油、鹽，以及過篩的麵粉、泡打粉和可可粉。

開心果麵糊的製作：將奶油在平底深鍋中加熱至融化，但不上色，然後放涼數分鐘。將水、20克的糖和蜂蜜煮沸。在食物料理機中將開心果攪拌成極細的粉末。倒在蜂蜜糖漿上，然後持續攪拌至成為柔軟的麵糊。在碗中將蛋、上述的開心果麵糊和剩餘的糖攪拌至混合物泛白並起泡。加入鮮奶油、融化的奶油、鹽，以及過篩的麵粉和泡打粉。

用兩支大湯匙，先後將開心果麵糊（第一個放入）和巧克力麵糊填入模型中，以形成大理石花紋。在烤箱中烘烤1小時，直到將餐刀插入蛋糕的中心，拔出時刀身不會沾附麵糊為止。放涼10分鐘，然後在網架上將大理石蛋糕脫模。

主廚小巧思：仔細地裹上一層保鮮膜，此蛋糕冷凍保存可達數星期之久，冷藏可達數日。

神奇巧克力蛋糕
Merveilleux

8-10人份

難易度 ★★★

準備時間：1小時30分鐘

烹調時間：約30分鐘

冷藏時間：25分鐘

巧克力海綿蛋糕（génoise）

· 奶油20克

· 蛋4顆

· 細砂糖125克

· 過篩的麵粉90克

· 過篩的無糖可可粉30克

焦糖核桃

· 液狀鮮奶油70毫升

· 蜂蜜20克

· 細砂糖100克

· 磨碎的核桃70克

杏仁巧克力慕斯

（mousse chocolat praliné）

· 黑巧克力150克

· 糖杏仁膏75克

　（參考第314頁）

· 液狀鮮奶油250毫升

裝飾

· 磨碎的核桃150克

· 巧克力刨花

　（參考第209頁）

烤箱預熱180°C（熱度6）。將直徑20公分的烤模塗上奶油。

巧克力海綿蛋糕的製作：將奶油在平底深鍋中加熱至融化，然後放至微溫。將蛋和糖隔水加熱5到8分鐘，同時以攪拌器攪拌至混合物泛白並呈現濃稠的緞帶狀：舉起攪拌器時，流下的混合料必須不斷形成緞帶狀。將混合物從隔水加熱的容器中取出，用電動攪拌器以最高速攪拌直到冷卻。分2至3次加入過篩的麵粉和可可粉。小心但迅速地混入微溫的奶油。倒入模型，於烤箱中烘烤25分鐘，直到海綿蛋糕變得柔軟而且脫離烤盤紙為止。放涼數分鐘後，在網架上脫模。

焦糖核桃的製作：將鮮奶油和蜂蜜煮沸。在另一個平底深鍋中，將沒有加水的糖逐步加熱，以獲得咖啡色的焦糖。將鮮奶油和蜂蜜的混合物慢慢倒在糖上，同時不斷地搖動。加入核桃，將全部材料倒入碗中，然後以室溫保存。

杏仁巧克力慕斯的製作：將巧克力和糖杏仁膏隔水加熱至融化。將鮮奶油打發至全發。倒入熱巧克力和糖杏仁膏的混合物中，然後以攪拌器極快速地攪動均勻。冷藏保存。

用鋸齒刀將海綿蛋糕橫切成兩個相等的圓形蛋糕體。在一塊蛋糕體上鋪上焦糖核桃，接著是一層杏仁巧克力慕斯。擺上另一塊海綿蛋糕，冷藏15分鐘。接著將其餘的慕斯覆蓋在蛋糕上，在四周擺上磨碎的核桃，然後再次冷藏10分鐘。最後，將巧克力刨花擺在蛋糕上。

巧克力軟心蛋糕佐開心果奶油醬
Moelleux au chocolat et crème à la pistache

4人份

難易度 ★★★

準備時間：20分鐘

烹調時間：12分鐘

開心果奶油醬

· 切碎的開心果20克

· 牛奶250毫升

· 蛋黃3個

· 細砂糖60克

· 香草精1至2滴

巧克力軟心蛋糕

· 苦甜巧克力125克
　（可可脂含量55至70%）

· 奶油125克

· 蛋3顆

· 細砂糖125克

· 過篩的麵粉40克

編註：
圖片中巧克力軟心蛋糕以圓形烤皿
烘烤。

開心果奶油醬的製作：在烤架上烘烤開心果2分鐘，一邊搖動，以免燒焦，接著在攪拌機中磨成粉。將牛奶緩緩煮沸。將蛋黃和糖攪拌至混合物泛白並起泡。加入1/3煮沸的牛奶並攪拌均勻。將所有材料倒入平底深鍋中，以文火燉煮，同時不斷以木杓攪拌，直到混合物變稠並附著於杓背（注意別把奶油醬煮沸）。立刻熄火，以漏斗型網篩過濾，然後加入香草精和開心果粉。放涼，然後將奶油醬冷藏備用。

巧克力軟心蛋糕的製作：烤箱預熱180°C（熱度6）。在烤盤上鋪上一張烤盤紙。用4個直徑7.5公分的圓形中空模，塗上奶油並擺在烤盤上。將巧克力和奶油隔水加熱至融化。在碗中將蛋和糖攪拌至起泡。混入巧克力和奶油的混合物，接著是過篩的麵粉。將麵糊分裝至模型中。放至微溫，接著於烤箱中烘烤12分鐘。

將巧克力軟心蛋糕擺在點心盤上，然後脫模。在四周淋上開心果奶油醬。

主廚小巧思：若您沒有蛋糕模，可用小烤模烘烤軟心蛋糕。此風凍（fondant）甜點搭配原味或浸泡過糖漿的洋梨薄片會更加美味。

王道蛋糕
Pavé du roy

6人份

難易度 ★★★

準備時間：35分鐘

烹調時間：12分鐘

冷藏時間：30分鐘

杏仁巧克力蛋糕體

· 杏仁粉120克
· 糖粉150克
· 全蛋2顆
· 蛋黃4個
· 過篩的麵粉25克
· 過篩的無糖可可粉25克
· 蛋白5個
· 細砂糖60克

甘那許

· 黑巧克力300克
· 液狀鮮奶油300毫升

浸泡糖漿

· 水100毫升
· 細砂糖100克
· 蘭姆酒2小匙

◇ 製作基礎甘那許的正確手法請參考12頁

烤箱預熱180°C（熱度6）。在烤盤上覆蓋上一張30×38公分的烤盤紙。

杏仁巧克力蛋糕體的製作：在碗中將杏仁粉、糖粉、蛋和蛋黃一起攪拌約5分鐘。將過篩的麵粉和可可粉混入麵糊中。在大碗中，將5個蛋白和糖一起打發成泡沫狀。然後逐漸混入含有可可的混合物中。將此麵糊鋪在烤盤上，於烤箱中烘烤12分鐘。

甘那許的製作：將巧克力切成細碎並放入碗中。在鍋中將鮮奶油煮沸。淋在巧克力上並以橡皮刮刀攪拌。靜置直到甘那許可以輕易用以塗抹為止。

浸泡糖漿的製作：在鍋中將水和糖煮沸，接著倒入碗中，待放涼後加入蘭姆酒。

將蛋糕體等分為三等份。將第一塊蛋糕體浸以些許糖漿，接著在上面塗上薄薄一層甘那許。重覆此步驟，加上另外兩塊蛋糕體，同時保留些許的甘那許作為裝飾。將蛋糕冷藏30分鐘。

接著將剩餘的甘那許塗在蛋糕上，用泡過熱水的鋸齒刀畫出波浪狀花紋。

主廚小巧思：為了使蛋糕更加柔軟，至少冷藏30分鐘再後取出品嚐。

佛羅倫汀迷你打卦滋
Petites dacquoises et leurs florentins

4人份

難易度 ★★★

準備時間：1小時30分鐘

烹調時間：約30分鐘

冷藏時間：15分鐘

打卦滋

- 糖粉150克
- 杏仁粉150克
- 蛋白4個
- 細砂糖50克

佛羅倫汀餅乾（florentin）

- 液狀鮮奶油100毫升
- 奶油50克
- 蜂蜜50克
- 細砂糖75克
- 糖漬櫻桃50克
- 糖漬柳橙50克
- 杏仁片125克
- 麵粉20克

牛奶巧克力慕斯

- 牛奶巧克力200克
- 液狀鮮奶油300毫升

◇ 製作蛋白霜或麵糊圓餅的
正確手法請參考13頁

烤箱預熱200°C（熱度6-7）。在2個烤盤上覆蓋烤盤紙。

打卦滋的製作：將糖粉和杏仁粉過篩。將蛋白和糖打發成泡沫狀，接著小心地混入糖粉和杏仁粉的混合物中。將所有材料倒入裝有中型擠花嘴的擠花袋中，在烤盤上擠出4個直徑8公分、4個直徑7公分、4個直徑6公分，和4個直徑5公分的圓形，並從中央開始擠出螺旋狀圓形麵糊。於烤箱中烘烤12分鐘。一出爐便將16個打卦滋連同烤盤紙一起取出，以免熱烤盤使打卦滋乾燥得過於迅速。

佛羅倫汀餅乾的製作：將烤箱的溫度降低到180°C（熱度6）。將鮮奶油、奶油、蜂蜜和糖放入鍋中。將混合物煮至烹飪溫度計的110°C。將櫻桃切成兩半，將柳橙切丁，連同杏仁片和麵粉一起放入碗中，接著混合所有材料。倒在以鮮奶油為主的麵糊上，同時小心地搖動，別把杏仁片弄碎。將此麵糊鋪在覆有烤盤紙的烤盤上達3公釐的厚度。於烤箱中烘烤約15分鐘，直到麵糊被稍微烤黃為止。從烤箱中取出，放涼數分鐘，接著切成小方塊或三角形。

牛奶巧克力慕斯的製作：將巧克力約略切碎，接著隔水加熱至融化。在碗中將鮮奶油打發。淋在微溫的巧克力上，並一邊快速打發。

將牛奶巧克力慕斯裝入裝有圓口擠花嘴的擠花袋中，然後在4個8公分的打卦滋上擠出球狀。蓋上4個7公分的打卦滋，然後再次擠上慕斯球。重覆同樣的步驟，擺上其他直徑更小的打卦滋，以獲得4個打卦滋和慕斯交錯的金字塔。冷藏15分鐘。擺上佛羅倫汀餅乾後享用。

法式巧克力磅蛋糕
Quatre-quarts au chocolat

12人份

難易度 ★★★

準備時間：15分鐘

烹調時間：45分鐘

- 室溫回軟的奶油250克
- 細砂糖250克
- 蛋5顆
- 過篩的麵粉200克
- 過篩的泡打粉1小匙
  （5.5克）
- 過篩的無糖可可粉50克

烤箱預熱180°C（熱度6）。將25×8公分的蛋糕模型塗上奶油並撒上麵粉。

在碗中攪拌室溫回軟的奶油至呈現濃稠的膏狀。加入糖並混合直到整體起泡並發亮。分次混入一顆顆的蛋並攪拌均勻。接著混入過篩的麵粉、泡打粉和可可粉。

將此麵糊填至模型的3/4滿。於烤箱中烘烤45分鐘，直到將餐刀插入蛋糕的中心，拔出時刀身不會沾附麵糊為止。將蛋糕從烤箱中取出，於網架上脫模。待放至微溫或冷卻後享用。

主廚小巧思：使用攪拌至膏狀且未融化的奶油可讓蛋糕變得更加清爽。

法式巧克力豆磅蛋糕
Quatre-quarts au chocolat tout pépites

12人份

難易度 ★★★

準備時間：15分鐘

烹調時間：45分鐘

· 室溫回軟的奶油250克
· 細砂糖250克
· 蛋5顆
· 過篩的麵粉200克
· 巧克力豆50克
· 蘭姆酒50毫升

烤箱預熱180°C（熱度6）。將25×8公分的蛋糕模型塗上奶油並撒上麵粉。

在碗中將室溫回軟的奶油攪拌至呈現濃稠的膏狀。加入糖，攪拌至整體起泡並發亮。分次混入一顆顆的蛋並攪拌均勻。接著混入過篩的麵粉和巧克力豆。

將此麵糊填至模型的3/4滿。於烤箱中烘烤45分鐘，直到將餐刀插入蛋糕的中心，拔出時刀身不會沾附麵糊為止。將蛋糕從烤箱中取出，於網架上脫模，並在蛋糕仍溫熱時刷上蘭姆酒。在微溫或冷卻時享用。

主廚小巧思：依個人喜好，您也可以在烘烤前混入蘭姆酒。

莎巴女王
Reine de Saba

6-8人份

難易度 ★★★

準備時間：20分鐘

烹調時間：20分鐘

冷卻時間：15分鐘

- 杏仁膏100克
- 蛋黃4個
- 糖粉50克
- 蛋白3個
- 細砂糖35克
- 過篩的麵粉55克
- 過篩的無糖可可粉15克
- 奶油25克

烤箱預熱160°C（熱度5-6）。將直徑20公分的烤模塗上奶油並撒上麵粉。

在碗中將杏仁膏和蛋黃一同攪拌，接著加入糖粉，攪拌至麵糊變得平滑且輕盈。另一方面，將蛋白和糖一起打成泡沫狀，接著混入杏仁膏、蛋和糖粉的混合物中。小心地將過篩的麵粉和可可粉加入此麵糊中。然後在平底深鍋中將奶油加熱至融化，接著混入麵糊中。

將麵糊倒入烤模。於烤箱中烘烤20分鐘，接著再放涼15分鐘後脫模。

主廚小巧思：此岩漿蛋糕可隨意搭配新鮮覆盆子或其他紅色水果（桑葚、藍莓等）的小拼盤享用。

君度巧克力捲
Roulade chocolat au Cointreau

12人份

難易度 ★★★

準備時間：1小時30分鐘

烹調時間：8分鐘

冷藏時間：20分鐘

巧克力指形蛋糕

- 蛋黃3個
- 細砂糖75克
- 蛋白3個
- 過篩的麵粉70克
- 過篩的無糖可可粉15克

君度奶油醬
（crème au Cointreau）

- 吉力丁1片
- 牛奶330毫升
- 蛋黃3個
- 細砂糖70克
- 麵粉20克
- 玉米粉20克
- 君度橙酒（Cointreau）20毫升
- 液狀鮮奶油150毫升

糖漿

- 水150毫升
- 細砂糖70克
- 君度橙酒20毫升

巧克力鮮奶油（crème fouettée au chocolat）

- 黑巧克力80克
- 液狀鮮奶油300毫升

配料

- 覆盆子果醬

編註：
也可以如圖片中捲入打發的鮮奶油，
外層再擠上巧克力鮮奶油。

烤箱預熱200℃（熱度6-7）。在烤盤上覆蓋一張30x38公分的烤盤紙。

巧克力指形蛋糕的製作：在碗中攪拌蛋黃和一半的糖直到泛白並起泡。將蛋白與另一半的糖打發至硬性發泡。小心地混入蛋黃和糖的混合物。接著加入過篩的麵粉和可可粉。倒入烤盤，以抹刀整平。於烤箱中烘烤8分鐘。

君度奶油醬的製作：將吉力丁浸泡在一些冷水中備用。在平底深鍋中將牛奶加熱至沸騰，然後熄火。將蛋黃和糖一同攪拌，然後加入麵粉和玉米粉。將一些熱牛奶倒入上述混合物中。將所有材料再次倒入平底深鍋中，以文火加熱，同時不斷攪拌至奶油醬變稠。接著讓奶油醬沸騰1分鐘並持續攪拌，然後將平底深鍋再度熄火。擠乾吉力丁，盡可能將所有水分榨乾，然後混入奶油醬中拌均勻。倒入碗中，在奶油醬上覆蓋一層保鮮膜。放涼。待奶油醬冷卻後，倒入君度橙酒。將液狀鮮奶油打發，然後混入奶油醬中。

糖漿的製作：將水和糖煮沸。放涼後加入君度橙酒。

巧克力鮮奶油的製作：將巧克力切碎，然後隔水加熱至融化。將鮮奶油打至全發。淋在巧克力上，同時快速打發。

將蛋糕體刷上糖漿，然後鋪上覆盆子果醬，並鋪上一層君度奶油醬。用烤盤紙將蛋糕體捲起，然後隨著蛋糕體的捲起，將烤盤紙逐漸抽離。用刀子將兩端整平，冷藏20分鐘。接著將巧克力鮮奶油裝入裝有圓口擠花嘴的擠花袋中，然後將鮮奶油擠在巧克力捲上。

巧克力捲
Roulé au chocolat

8-10人份

難易度 ★★★

準備時間：25分鐘

烹調時間：8分鐘

冷藏時間：20分鐘

巧克力海綿蛋糕（génoise）
· 奶油20克
· 蛋4顆
· 細砂糖125克
· 過篩的麵粉90克
· 過篩的無糖可可粉30克

配料
· 液狀鮮奶油150毫升
· 糖粉50克
· 覆盆子200克

裝飾
· 無糖可可粉和/或糖粉

◇ 捲蛋糕體的正確手法請參考第14頁

烤箱預熱200℃（熱度6-7）。在烤盤上覆蓋一張30×38公分的烤盤紙。

巧克力海綿蛋糕的製作：在平底深鍋中將奶油加熱至融化。將蛋和糖隔水加熱5到8分鐘，同時以攪拌器攪拌至混合物泛白並呈現濃稠的緞帶狀；舉起攪拌器時，流下的混合料必須不斷形成緞帶狀。將混合物從隔水加熱的容器中取出，然後用電動攪拌器以最高速攪拌至冷卻為止。分2至3次加入過篩的麵粉和可可粉，接著小心但迅速地混入微溫的奶油。倒在烤盤上，以抹刀整平，於烤箱中烘烤8分鐘，直到海綿蛋糕摸起來柔軟並邊緣與烤盤紙稍分離為止。將烤盤紙連同海綿蛋糕一起挪到網架上。在上面擺上一張烤盤紙和第二個網架，然後將海綿蛋糕倒扣。將上面的網架和烤盤紙移除，然後放涼。

配料的製作：將鮮奶油和糖粉打發至鮮奶油變得凝固，而且不會從攪拌器上滴落的狀態。將打發的鮮奶油鋪在海綿蛋糕上，擺上覆盆子。用烤盤紙將海綿蛋糕捲起，接著隨著蛋糕體的捲起，將烤盤紙逐漸抽離。將接合處隱藏在蛋糕體下，用刀子將兩端整平，然後冷藏20分鐘。在享用前撒上可可粉和/或糖粉。

薩赫巧克力蛋糕
Sachertorte

8-10人份

難易度 ★★★

準備時間：35分鐘

烹調時間：40分鐘

冷藏時間：40分鐘

薩赫（Sacher）蛋糕體

- 黑巧克力180克
- 奶油30克
- 蛋白7個
- 細砂糖80克
- 蛋黃3個
- 過篩的麵粉40克
- 過篩的杏仁粉20克

糖漿

- 水150毫升
- 細砂糖100克
- 櫻桃酒1大匙

甘那許

- 黑巧克力150克
- 液狀鮮奶油150毫升

裝飾

- 杏桃果醬200克

◇ 為蛋糕淋上鏡面的正確手法請參考第15頁

編註：
可用少許融化的巧克力，倒入紙製擠花袋剪個小孔，在蛋糕上寫字裝飾。

烤箱預熱180°C（熱度6）。將直徑22公分的烤模塗上奶油。

薩赫蛋糕體的製作：將巧克力和奶油隔水加熱至融化。將蛋白打發至微微起泡。逐漸加入1/3的糖，並持續將蛋白打發至光亮平滑。接著小心地倒入其餘的糖，然後打發至蛋白呈現凝固狀的硬性發泡。混入蛋黃、過篩的麵粉和杏仁粉，以及融化的巧克力和奶油的混合物。倒入模型中，於烤箱中烘烤40分鐘，直到蛋糕體摸起來柔軟有彈性為止。放涼後脫模。

糖漿的製作：在平底深鍋中將水和糖煮沸。放涼後加入櫻桃酒。

甘那許的製作：將巧克力約略切碎並放入碗中。將鮮奶油煮沸，接著淋在巧克力上。攪拌均勻，然後靜置直到甘那許能夠輕易用以塗抹為止。

將薩赫蛋糕體橫切成兩塊，將其中一塊蛋糕體浸以糖漿，接著在上面塗上1公分厚的杏桃果醬。蓋上第二塊蛋糕體並同樣浸以糖漿。冷藏30分鐘。

在蛋糕表面上塗上薄薄的甘那許。再次冷藏10分鐘，大約等到甘那許凝固為止。

接著在平底深鍋中將剩餘的甘那許再度加熱。將相當冰涼的蛋糕置於網架上，用熱的甘那許將蛋糕完全包覆。立即以軟抹刀整平。

聖艾羅巧克力蛋糕
Saint-éloi au chocolat

8人份

難易度 ★★★

準備時間：2小時

烹調時間：25分鐘

冷藏時間：25分鐘

巧克力海綿蛋糕（génoise）
- 奶油20克
- 蛋4顆
- 細砂糖125克
- 過篩的麵粉90克
- 過篩的無糖可可粉30克

浸泡糖漿
- 水150毫升
- 細砂糖200克
- 君度橙酒（Cointreau）
  50毫升

甘那許
- 巧克力250克
- 液狀鮮奶油250毫升
- 君度橙酒50毫升

◇ 製作基礎甘那許的正確手法請參考12頁

烤箱預熱180°C（熱度6）。將直徑22公分的烤模塗上奶油並撒上麵粉。

巧克力海綿蛋糕的製作：在平底深鍋中將奶油加熱至融化。將蛋和糖隔水加熱加熱5到8分鐘，同時以攪拌器攪拌至混合物泛白並呈現濃稠的緞帶狀；舉起攪拌器時，流下的混合料必須不斷形成緞帶狀。將混合物從隔水加熱的容器中取出，然後用電動攪拌器以最高速攪拌至冷卻為止。分2至3次加入過篩的麵粉和可可粉，接著小心但迅速地混入微溫的奶油。倒入模型中，於烤箱中烘烤25分鐘，直到海綿蛋糕摸起來柔軟並脫離烤模的邊緣。放涼數分鐘後在網架上脫模。

浸泡糖漿的製作：在平底深鍋中將水和糖煮沸。放涼後加入君度橙酒。

甘那許的製作：將巧克力約略切碎並放入碗中。將鮮奶油煮沸，然後淋在切碎的巧克力上。攪拌均勻並加入君度橙酒。靜置直到甘那許可以輕易用以塗抹。

用鋸齒刀將海綿蛋糕橫切成三等分。用毛刷為第一塊海綿蛋糕刷上糖漿，接著塗上2公分厚的甘那許。蓋上第二塊海綿蛋糕，然後重覆同樣的步驟。接著擺上第三塊海綿蛋糕並刷上糖漿。將蛋糕冷藏15分鐘，大約等到甘那許凝固為止。

接著為蛋糕鋪上甘那許，並以抹刀做出小山峰狀。再額外冷藏10分鐘。

Tartes
en folie

令人陷入瘋狂的塔

le bon geste pour faire une pâte sablée

製作法式塔皮麵糰的正確手法

依您選擇食譜（範例請參照第110頁）所列的成分來調整此法式塔皮麵糰的作法。

① 用指尖在碗中混合150克室溫回軟的奶油、250克過篩的麵粉、1撮鹽、95克糖粉和1包香草糖，直到獲得沙般的碎屑狀。您或許能在加入麵粉的同時加入過篩的可可粉或杏仁粉，為麵糊增添風味。

② 混入1顆蛋，並不斷以木杓攪拌。

③ 將麵糊揉成團狀後，在預先撒上麵粉的工作台上壓扁，同時以掌心在您面前推開。重複同樣的步驟，直到獲得相當均質的麵糰，但請勿過分揉捏，以免麵糰變得太脆弱。冷藏30分鐘後使用。

le bon geste pour étaler une pâte

擀麵糰的正確手法

依您選擇的塔或迷你塔食譜製作油酥餅（pâte brisée）、法式塔皮（pâte sablée）...等麵糰。

① 在工作檯上撒上麵粉。用手將麵糰輕輕壓平。

② 用擀麵棍擀麵糰，永遠都從中央往邊緣延展。擀麵棍每擀一次，就轉1/4圈，以免麵糰變形並維持固定

直徑的厚度。相當迅速地擀麵糰，讓麵糰保持冷卻，必要時再在工作檯上撒上麵粉。

③ 當蛋糕體脆弱到無法用手揉捏，但大小又不足以放入模型時，以蛋糕體包覆擀麵棍，使蛋糕體稍稍捲起，並旋轉1/4圈。

le bon geste pour foncer un moule à tarte

將麵皮套入塔模的正確手法

依您選擇的塔食譜製作油酥餅、法式塔皮麵糰、甜酥麵糰等，並擀出約3公釐的厚度，讓塔皮的直徑超出模型5公分。

① 在擀好麵糰時，用擀麵棍捲起，接著在模型上攤開，並讓蛋糕體超出模型的邊緣。

② 將麵糰貼附在模型裡，並仔細按壓，以緊貼內壁和底部，包括角落。

③ 用擀麵棍擀模型的邊緣，緊緊按壓以切割麵皮的多餘部分。用叉子在塔皮底部戳洞，然後依所選擇食譜的指示進行烘烤。

le bon geste pour foncer un moule à tartelette

將麵皮套入迷你塔模的正確手法

依您選擇的迷你塔食譜製作油酥餅、法式塔皮麵糰、甜酥麵糰...等，並擀出約3公釐的厚度。

① 用倒扣的碗（或切割器）在麵皮上切割出大小相當於迷你塔模的圓形塔皮。

② 將塔皮一一放入每個模型中。

③ 將塔皮貼附在模型裡，並仔細按壓，以緊貼內壁和底部，包括角落。用叉子在塔皮底部戳洞，然後依所選擇食譜的指示進行烘烤。

船型小甜點
Barquettes douceur

12-14人份

難易度 ★★★

準備時間：45分鐘

冷藏時間：45分鐘

烹調時間：10-15分鐘

甜酥麵糰（pâte sucrée）

· 室溫回軟的奶油120克

· 糖粉100克

· 鹽1撮

· 蛋1顆

· 過篩的麵粉200克

甜味牛奶巧克力慕斯

· 牛奶巧克力150克

· 液狀鮮奶油250毫升

裝飾

· 無糖可可粉和/或糖粉

◇ 梭形塑型的正確手法請參考第208頁

甜酥麵糰的製作：將室溫回軟的奶油和糖粉及鹽混合。混入蛋，接著是過篩的麵粉。將麵糊揉成團狀，並略略壓扁。以保鮮膜包裹，然後冷藏30分鐘。

將12至14個船型模型塗上奶油。將工作檯撒上麵粉。將甜酥麵糰擀成約3公釐的厚度。用刀子在麵皮中切割出12個比模型略大的橢圓形。放入模型中並仔細按壓，以緊貼內壁，並用叉子在塔底戳洞。冷藏15分鐘。

烤箱預熱180℃（熱度6）。

將船型麵皮烘烤10至15分鐘，直到麵皮呈現些微的金黃色。在網架上冷卻，備用。

甜味牛奶巧克力慕斯的製作：將巧克力隔水加熱至融化。在碗中打發鮮奶油，直到呈現濃稠的膏狀。淋在微溫的巧克力上。先以橡皮刮刀非常快速地攪拌，然後再放慢速度。

用兩支大湯匙製作梭形慕斯，然後裝入船型蛋糕體中。接著以精細的濾器篩上無糖可可粉以及糖粉。

汀科瑪利雅苦甜可可與
秘魯安尼塔起司蛋糕
Cheesecake de Peruanita
et cacao amer de Tingo Maria

6人份

難易度 ★★★

瀝乾時間：12小時

準備時間：45分鐘

烹調時間：約1小時15分鐘

冷藏時間：約4小時20分鐘

- 白乳酪（fromage blanc）
  115克（脂質含量40%）

甜馬鈴薯泥

- 馬鈴薯200克
  （賓傑品種 Bintje）
- 牛奶200毫升
- 細砂糖20克
- 柳橙皮1/2顆

可可麵糊

- 無糖可可粉1.5大匙
- 水30毫升

鬆脆底盤
（**fond croustillant**）

- 奶油30克
- 巧克力餅乾60克
- 核桃碎片15克

起司蛋糕基底

- 液狀鮮奶油110毫升
- 蛋1顆＋蛋黃1個
- 細砂糖55克
- 蜂蜜1大匙

鏡面果膠

- 吉力丁1/2片
- 淡味的蜂蜜35克
- 水30毫升

前一天晚上將白乳酪瀝乾，置於陰涼處備用。

當天，甜馬鈴薯泥的製作：將馬鈴薯削皮、清洗並切丁。在平底深鍋中將牛奶、糖和柳橙皮煮沸，接著加入馬鈴薯丁，燉煮約30分鐘，直到所有材料幾乎都能被壓成泥為止。將上述材料用網篩或搗泥器過濾，然後放至微溫。

可可麵糊的製作：將可可粉摻水攪和，然後在平底深鍋中煮沸，預留備用。

烤箱預熱180°C（熱度6）。將烤盤鋪上烤盤紙，然後擺上1個直徑18公分，高5公分的慕斯圈。

鬆脆底盤的製作：讓奶油融化。將巧克力餅乾壓成碎屑，接著和核桃碎片與融化的奶油混合。將此麵糊鋪在慕斯圈底部，並從上面緊緊地按壓。

起司蛋糕基底的製作：將瀝乾的白乳酪和微溫的馬鈴薯泥混合。一邊攪拌，一邊加入液狀鮮奶油、蛋、糖、蜂蜜，以及可可麵糊。將此混合物倒入慕斯圈中，然後於烤箱中烘烤45分鐘。不脫模，讓起司蛋糕冷卻，接著冷藏4小時。

鏡面果膠的製作：將半片吉力丁浸泡在一些冷水中。在平底深鍋中將蜂蜜和水煮沸。按壓吉力丁，盡可能將所有水分榨乾，然後混入蜂蜜和水的混合物中溶解，放涼。將鏡面果膠鋪在未脫模的起司蛋糕上，然後將蛋糕再度冷藏15至20分鐘。接著用刀尖劃過起司蛋糕周圍，脫模。

現代庫斯科巧克力布丁佐
的的喀喀烤麵屑
Flan moderne au chocolat
de Cuzco, crumble du Titicaca

6人份

難易度 ★★★

準備時間：55分鐘

烹調時間：約1小時10分鐘

靜置時間：20分鐘

冷藏時間：2小時

巧克力布丁

- 庫斯科巧克力碎片
  （或可可脂含量70%的
  巧克力）75克
- 水200毫升
- 牛奶600毫升
- 液狀鮮奶油150毫升
- 丁香1顆
- 肉桂棒1根
- 蛋5顆
- 細砂糖125克

的的喀喀烤麵屑
（crumble du Titicaca）

- 藜麥（quinoa）種籽25克
- 紅糖50克
- 奶油50克
- 麵粉50克
- 肉桂粉

鮮奶油香醍（chantilly）

- 液狀鮮奶油150毫升
- 香草精數滴
- 糖粉15克

編註：
庫斯科Cuzco及的的喀喀Titicaca
都是祕魯Peru的地名，Cuzco是
印加王朝的古城。

巧克力布丁的製作：在平底深鍋中以極小的火將巧克力和水加熱至融化。煮沸後以極微弱的火烹煮5分鐘。加入牛奶、鮮奶油、丁香和肉桂棒，接著再度煮沸。在碗中將蛋和糖攪拌至混合物泛白。慢慢地倒入巧克力的混合物中並攪拌均勻，靜置20分鐘。

烤箱預熱80℃（熱度2-3）。將麵糊以漏斗型網篩過濾，然後分裝至6個烤皿中（ramequin），填至3/4滿，然後於烤箱中烘烤40分鐘，直到布丁成形。將布丁從烤箱中取出，放涼，然後冷藏2小時。

的的喀喀烤麵屑的製作：清洗藜麥種子，然後放在裝滿水的平底深鍋中。煮沸20分鐘，直到種籽張開。熄火，將種籽瀝乾並晾乾。將烤箱的溫度調高至180℃（熱度6）。將烤盤鋪上烤盤紙。在碗中混合所有烤麵屑的材料，直到呈現沙般的碎屑狀。將混合物倒入烤盤達1公分的厚度。於烤箱中烘烤10至15分鐘。放涼。

香提伊奶油醬的製作：將鮮奶油和香草精一起打發。當鮮奶油開始變稠時，加入糖粉，並持續打至全發。

用小塊的烤麵屑和鮮奶油香醍為巧克力布丁進行裝飾。

芒果風味烤麵屑
Mangues façon crumble

6人份

難易度 ★★★

準備時間：30分鐘

烹調時間：20-25分鐘

巧克力烤麵屑
（crumble au chocolat）

· 奶油75克

· 麵粉50克

· 無糖可可粉25克

· 紅糖75克

· 榛果粉75克

燴芒果（mangue poêlée）

· 芒果3個

· 奶油60克

· 紅糖150克

烤箱預熱180°C（熱度6）。在烤盤上鋪一張烤盤紙。

巧克力烤麵屑的製作： 在一個大碗中混合所有烤麵屑的材料，直到呈現沙般的碎屑狀。將混合物鋪在烤盤上達1公分的厚度，然後於烤箱中烘烤10至15分鐘。將烤麵屑壓成小塊後放涼。

燴芒果的製作： 將芒果去皮並切成薄片。在長柄平底鍋中將奶油加熱。加入芒果薄片，撒上紅糖，然後以文火煎煮10分鐘，直到芒果熟軟。

將幾片芒果片分裝在6個湯盤中，並擺上巧克力烤麵屑，接著鋪上剩餘的芒果片。趁熱享用。

巧克力塔
Tarte au chocolat

10人份

難易度 ★★★

準備時間：2小時

冷藏時間：1小時

烹調時間：50分鐘至1小時

甜酥麵糰（pâte sucrée）

· 室溫回軟的奶油120克
· 糖粉100克
· 鹽1撮
· 蛋1顆
· 過篩的麵粉200克

杏仁奶油醬

· 室溫回軟的奶油100克
· 細砂糖100克
· 香草粉1撮
· 蛋2顆
· 杏仁粉100克

甘那許

· 黑巧克力125克
· 液狀鮮奶油125毫升
· 細砂糖25克
· 室溫回軟的奶油25克

可可糖漿

· 水50毫升
· 細砂糖40克
· 無糖可可粉15克

鬆脆巧克力

· 牛奶巧克力25克
· 室溫回軟的奶油30克
· 糖杏仁膏125克
　（參考第314頁）
· 法式薄脆片（crêpe
　dentelle）15片（60克）
· 法式薄脆碎片5片

甜酥麵糰的製作：將室溫回軟的奶油跟糖粉和鹽混合。混入蛋，然後是過篩的麵粉。混合揉成團狀，並略略壓扁。以保鮮膜包裹，然後冷藏30分鐘。

烤箱預熱180℃（熱度6）。將直徑24公分的塔模塗上奶油。在工作檯上撒上麵粉。將甜酥麵糰擀成直徑約30公分，厚度3公釐的圓形塔皮，接著將麵皮套入塔模。冷藏10分鐘。

在塔皮上擺上一張大於模型的烤盤紙，接著是一層乾燥的豆粒（或米）。於烤箱中烘烤約10分鐘，直到麵皮略呈金黃色。將模型從烤箱中取出，將烤盤紙連同乾燥豆粒（或米）一起移開。將溫度調低至160℃（熱度5-6），讓塔底再度烘烤8分鐘。置於網架上備用。

杏仁奶油醬的製作：將室溫回軟的奶油和糖混合，然後加入香草粉。混入一顆顆的蛋，攪拌均勻，接著加入杏仁粉。將奶油醬倒入塔底，於烤箱中烘烤約30至40分鐘。

甘那許的製作：將巧克力約略切碎並放入碗中。將鮮奶油和糖一同煮沸，接著淋在巧克力上。均勻混合後加入室溫回軟的奶油。靜置到甘那許可以輕易用以塗抹為止。

可可糖漿的製作：在平底深鍋中將水和糖煮沸。加入可可粉，用攪拌器攪勻，然後重新煮沸。放涼。

鬆脆巧克力的製作：將牛奶巧克力切成細碎，隔水加熱至融化。混入室溫回軟的奶油、糖杏仁膏和一片片的法式薄脆，然後攪拌。在烤盤紙上描繪出直徑20公分的圓，然後鋪上上述的混合物。冷藏20分鐘。

將塔脫模，然後將杏仁奶油醬刷上可可糖漿。用抹刀塗上一層薄薄的甘那許。擺上鬆脆巧克力，接著塗上剩餘的甘那許。撒上小片的法式薄脆片。

苦甜巧克力塔
Tarte au chocolat amer

6人份

難易度 ★ ★ ★

準備時間：35分鐘

冷藏時間：40分鐘

烹調時間：約50分鐘

甜味油酥麵糰

（pâte brisée sucrée）

· 過篩的麵粉200克

· 細砂糖30克

· 鹽1撮

· 切塊的奶油100克

· 打散的蛋1顆

· 水1大匙

苦甜巧克力奶油醬

· 苦甜巧克力150克

　（可可脂含量55至70%）

· 奶油150克

· 蛋3顆

· 細砂糖200克

· 麵粉60克

· 液狀鮮奶油50毫升

英式奶油醬（隨意）

· 蛋黃6個

· 細砂糖180克

· 牛奶500毫升

· 香草莢1根

裝飾

· 糖粉

◇ 製作英式奶油醬的正確手法請參考第206頁

甜味油酥麵糰的製作：在一個大碗中倒入過篩的麵粉、糖和鹽。混合塊狀的奶油，直到獲得沙狀的混合物。在中央做出一個凹槽，加入打散的蛋和水，稍微攪拌。將麵糊揉成團狀，並略略壓扁。以保鮮膜包裹，然後冷藏30分鐘。

烤箱預熱180℃（熱度6）。將直徑26公分的塔模塗上奶油。在工作檯上撒上麵粉。將甜味油酥麵糰擀成直徑約30公分，厚度3公釐的圓形塔皮，接著將塔皮套入塔模。冷藏10分鐘。

在塔皮上擺上一張略大於模型的烤盤紙，接著是一層乾燥的豆粒（或米）。於烤箱中烘烤約10分鐘，直到麵皮略呈金黃色。將模型從烤箱中取出，將烤盤紙連同乾燥豆粒（或米）一起移開。將溫度調低至160℃（熱度5-6），讓塔底再度烘烤8分鐘。置於網架上備用。

將烤箱的溫度調低至120℃（熱度4）。

苦甜巧克力奶油醬的製作：將苦甜巧克力和奶油一起隔水加熱至融化。離火後，加入蛋並立即攪拌。混入糖，接著是麵粉，最後是鮮奶油。倒入塔中，接著於烤箱烘烤30分鐘，直到凝固。

英式奶油醬的製作（依個人喜好）：在碗中用攪拌器攪拌蛋和糖，直到混合物泛白並變得濃稠。在平底深鍋中將牛奶和已經剖成兩半並以刀尖刮下內容物的香草莢煮沸。將1/3的香草牛奶倒入蛋黃和糖的混合物中，同時快速攪拌。將所有材料再度倒入平底深鍋中，以文火烹煮，並不斷以木杓攪拌，直到奶油變稠並附著於杓背（注意別把奶油醬煮沸）。

將塔撒上糖粉。待微溫時享用，若您喜歡的話，可搭配英式奶油醬品嚐。

青檸香巧克力塔
Tarte au chocolat et aux arômes de citron vert

8-10人份

難易度 ★★★

準備時間：1小時＋45分鐘

烹調時間：1小時＋20至25分鐘

冷藏時間：1小時10分鐘

糖漬青檸
- 青檸檬2個
- 細砂糖100克
- 水100毫升

甜酥麵糰（pâte sucrée）
- 室溫回軟的奶油120克
- 糖粉100克
- 鹽1撮
- 蛋1顆
- 過篩的麵粉200克

青檸甘那許
- 青檸皮2顆
- 黑巧克力300克
- 液狀鮮奶油250毫升
- 奶油125克

裝飾
- 無糖可可粉

◇ 將麵皮套入塔模的正確手法請參考第88頁

前一天晚上，糖漬青檸的製作：烤箱預熱80-100°C（熱度2-4）。在烤盤上覆蓋一張烤盤紙。將檸檬切成非常薄的薄片。在平底深鍋中將糖和水煮沸。平底深鍋離火，用糖水浸漬檸檬切片1小時。將檸檬片瀝乾，擺在烤盤上，在烤箱中烘乾1小時。備用。

當天，甜酥麵糰的製作：將室溫回軟的奶油和糖粉、鹽一同混合。混入蛋，接著是過篩的麵粉。將材料揉成團狀，並略略壓扁。以保鮮膜包裹，然後冷藏30分鐘。

烤箱預熱180°C（熱度6）。將直徑22公分的塔模塗上奶油。在工作檯上撒上麵粉。將甜酥麵糰擀成直徑27公分，厚度約3公釐的圓形麵皮，接著將麵皮套入塔模。冷藏10分鐘。

在麵皮上擺上一張略大於模型的烤盤紙，接著是一層乾燥的豆粒（或米）。於烤箱中烘烤約10分鐘，直到麵皮略呈金黃色。將模型從烤箱中取出，將烤盤紙連同乾燥豆粒（或米）一起移開。將溫度調低至160°C（熱度5-6），讓塔底再度烘烤15分鐘，直到塔底呈現金黃色。置於網架上備用。

青檸甘那許的製作：將青檸皮切成細條狀。將巧克力約略切碎並放入碗中。將鮮奶油和果皮煮沸，然後將此混合物淋在巧克力上。攪拌均勻並加入奶油。將甘那許倒入塔底，將塔冷藏30分鐘。接著將可可粉撒在塔上，並擺上糖漬檸檬片。

主廚小巧思：若您的青檸甘那許還有剩，請填入裝有星形擠花嘴的擠花袋中，在塔上製作玫瑰花飾後冷藏。

無花果巧克力塔
Tarte au chocolat et aux figues

10人份

難易度 ★★★

準備時間：45分鐘

烹調時間：約1小時10分鐘

冷藏時間：1小時10分鐘

巧克力法式塔皮麵糰
（pâte sablée au chocolat）

· 室溫回軟的奶油150克

· 過篩的麵粉250克

· 過篩的無糖可可粉15克

· 鹽1撮

· 糖粉95克

· 蛋1顆

糖煮無花果
（compote de figue）

· 乾無花果400克

· 細砂糖85克

· 紅酒200毫升

· 覆盆子醬125克

巧克力甘那許

· 黑巧克力300克

· 鮮奶油375毫升

· 室溫回軟的奶油100克

◇ 製作基礎甘那許的正確手法請參考12頁

巧克力法式塔皮麵糰的製作：用指尖混合室溫回軟的奶油、過篩的麵粉和可可粉、鹽，以及糖粉，直到呈現沙般的碎屑狀。加入蛋，然後攪拌至材料呈現團狀。將麵糰壓扁，以保鮮膜包裹，然後冷藏30分鐘。

烤箱預熱180℃（熱度6）。將直徑24公分的塔模塗上奶油。在工作檯上撒上麵粉。將巧克力法式塔皮麵糰擀成直徑約30公分，厚度3公釐的圓形麵皮，接著將麵皮套入塔模。冷藏10分鐘。

在麵皮上擺上一張略大於模型的烤盤紙，接著是一層乾燥的豆粒（或米）。於烤箱中烘烤約10分鐘，直到麵皮略呈金黃色。將模型從烤箱中取出，將烤盤紙連同乾燥豆粒（或米）一起移開。將溫度調低至160℃（熱度5-6），將塔底再度烘烤10至15分鐘。置於網架上備用。

糖煮無花果的製作：將無花果浸入沸水中3分鐘，讓無花果軟化，接著瀝乾。將無花果和糖、紅酒和覆盆子醬一同放入平底深鍋中，以微火烹煮40分鐘，直到無花果入味。放涼。將糖煮無花果倒入塔底，並裝填至塔模的2/3，然後用抹刀將表面整平。

甘那許的製作：將巧克力約略切碎並放入碗中。將鮮奶油煮沸，然後淋在巧克力上。均勻混合後加入室溫回軟的奶油。將甘那許倒在糖煮無花果上，然後將塔冷藏30分鐘。

主廚小巧思：若您喜好比糖煮水果口感更平滑的餡料，請在無花果和糖、紅酒及覆盆子醬烹煮過後，用電動攪拌器將無花果攪碎。

頂級產地巧克力塔
Tarte au chocolat grand cru

10人份

難易度 ★★★

準備時間：45分鐘

冷藏時間：40分鐘

烹調時間：20至25分鐘

甜酥麵糰（pâte sucrée）

- 室溫回軟的奶油120克
- 糖粉100克
- 鹽1撮
- 蛋1顆
- 過篩的麵粉200克

頂級產地巧克力英式奶油醬

- 蛋黃2個
- 細砂糖40克
- 牛奶130毫升
- 液狀鮮奶油120毫升
- 頂級產地（grand cru）
  巧克力碎片190克
  （可可脂含量66%）

◇ 將麵皮套入塔模的正確手法請參考第88頁

甜酥麵糰的製作：將室溫回軟的奶油和糖粉及鹽混合。加入蛋，接著是過篩的麵粉。將材料揉成團狀，並略略壓扁。以保鮮膜包裹，然後冷藏30分鐘。

烤箱預熱180°C（熱度6）。將直徑24公分的塔模塗上奶油。在工作檯上撒上麵粉。將甜酥麵糰擀成直徑約30公分，厚度3公釐的圓形麵皮，接著將麵皮套入塔模。冷藏10分鐘。

在麵皮上擺上一張略大於模型的烤盤紙，接著是一層乾燥的豆粒（或米）。於烤箱中烘烤約10分鐘，直到麵皮略呈金黃色。將模型從烤箱中取出，將烤盤紙連同乾燥豆粒（或米）一起移開。將溫度調低至160°C（熱度5-6），讓塔底再度烘烤10至15分鐘，直到塔底呈現金黃色。在網架上放涼備用。

頂級產地巧克力英式奶油醬的製作：在碗中用攪拌器攪拌蛋黃和糖，直到混合物泛白並變稠。在平底深鍋中將牛奶和鮮奶油煮沸，接著將1/3淋在蛋黃和糖的混合物上，並快速攪拌。將所有材料再倒入平底深鍋中，用文火加熱，同時以木杓不斷攪拌，直到奶油變稠並附著於杓背（注意別把奶油醬煮沸）。再度將平底深鍋熄火，然後將此英式奶油醬淋在巧克力碎片上。小心地攪拌直到巧克力完全融化為止。將此奶油醬倒入塔底，並冷藏至享用的時刻。

主廚小巧思：「頂級產地 grand cru」一詞表示產自特定地區的可可品種，例如古巴、聖多美（SaoTomé）或委內瑞拉。您可用可可脂含量大於66%的巧克力來取代。若喜歡水果風味，可考慮在倒入英式奶油醬前將覆盆子放入塔底。

椰子巧克力塔
Tarte au chocolat
et à la noix de coco

8-10人份

難易度 ★★★

準備時間：1小時

烹調時間：約40分鐘

冷藏時間：40分鐘

椰子甜酥麵糰

· 室溫回軟的奶油165克

· 糖粉75克

· 杏仁粉30克

· 椰子粉（noix de coco rápée）30克

· 鹽1撮

· 蛋1顆

· 過篩的麵粉175克

椰子配料

· 蛋白3個

· 椰子粉190克

· 細砂糖170克

· 糖煮蘋果40克

巧克力烤麵屑

· 奶油50克

· 麵粉35克

· 無糖可可粉15克

· 紅糖50克

· 椰子粉50克

· 泡打粉1/2小匙（2.5克）

◇ 將麵皮套入塔模的正確手法請參考第88頁

椰子甜酥麵糰的製作：將室溫回軟的奶油和糖粉、杏仁粉、椰子粉，以及鹽混合。加入蛋，接著是過篩的麵粉。將材料揉成團狀，並稍微壓扁。以保鮮膜包裹，然後冷藏30分鐘。

烤箱預熱180℃（熱度6）。將直徑22公分的慕斯圈塗上奶油。在工作檯上撒上麵粉。將椰子甜酥麵糰擀成直徑27公分，厚度約3公釐的圓形麵皮，接著將麵皮套入模型。冷藏10分鐘。

在麵皮上擺上一張略大於模型的烤盤紙，接著是一層乾燥的豆粒（或米）。於烤箱中烘烤約10分鐘，直到麵皮略呈金黃色。將模型從烤箱中取出，將烤盤紙連同乾燥豆粒（或米）一起移開。將溫度調低至160℃（熱度5-6），讓塔底再度烘烤8分鐘，直到塔底呈現金黃色。在網架上預留備用。

椰子配料的製作：將蛋白打發，接著用橡皮刮刀將蛋白和其他材料混合。將此麵糊倒入塔底。預留備用。

巧克力烤麵屑的製作：在一個大碗中混合所有烤麵屑的材料，直到呈現沙般的碎屑狀。將烤麵屑擺在椰子配料上。

將塔烘烤20分鐘，直到呈現金黃色。放涼後切成8到10份。待微溫或冷卻時享用。

香菜柳橙巧克力塔
Tarte au chocolat et à l'orange parfumée à la coriandre

10人份

難易度 ★★★

準備時間：約1小時45分鐘

冷藏時間：40分鐘

烹調時間：20至25分鐘

香菜柳橙

· 水150毫升
· 細砂糖150克
· 香菜籽25克
· 切成圓形薄片的柳橙1顆

法式塔皮麵糰（pâte sablée）

· 室溫回軟的奶油150克
· 過篩的麵粉250克
· 鹽1撮
· 糖粉95克
· 香草糖1包
· 蛋1顆

巧克力英式奶油醬
（crème anglaise）

· 蛋黃3個
· 細砂糖50克
· 牛奶250毫升
· 香草莢1根
· 黑巧克力碎片275克

◇ 製作法式塔皮麵糰的正確
手法請參考第86頁

香菜柳橙的製作：將水和糖煮沸。加入香菜籽，並在離火後浸泡5至10分鐘。將此糖漿以漏斗型網篩過濾。用糖漿浸漬柳橙薄片1小時。

法式塔皮麵糰的製作：用指尖混合室溫回軟的奶油、過篩的麵粉、鹽、糖粉和1包香草糖，直到呈現沙般的碎屑狀。加入蛋，接著將麵糊揉成團狀，並稍微壓扁。以保鮮膜包裹，然後冷藏30分鐘。

烤箱預熱180℃（熱度6）。將直徑24公分的模型塗上奶油。在工作檯上撒上麵粉。將法式塔皮麵糰擀成直徑約30公分，厚度3公釐的圓形麵皮，接著將麵皮套入塔模。冷藏10分鐘。

在麵皮上擺上一張略大於模型的烤盤紙，接著是一層乾燥的豆粒（或米）。於烤箱中烘烤約10分鐘，直到麵皮略呈金黃色。將模型從烤箱中取出，將烤盤紙連同乾燥豆粒（或米）一起移開。將溫度調低至160℃（熱度5-6），讓塔底再度烘烤10至15分鐘，直到塔底呈現金黃色。在網架上預留備用。

巧克力英式奶油醬的製作：用攪拌器攪拌蛋黃和糖，直到混合物泛白並變得濃稠。在平底深鍋中將牛奶和已經剖成兩半並以刀尖刮下內容物的香草莢煮沸。將1/3的香草牛奶倒入蛋黃和糖的混合物中，同時快速攪拌。將所有材料再度倒入平底深鍋中，以文火烹煮，並不斷以木杓攪拌，直到奶油變稠並附著於杓背（注意別把奶油醬煮沸）。離火後，將此英式奶油醬淋在巧克力碎片上。小心地攪拌直到巧克力融化。將此奶油醬倒入塔底，然後冷藏。享用前，將柳橙薄片在吸水紙中瀝乾並乾燥，然後擺在塔上。

焦糖香梨巧克力塔
Tarte chocolat-poire-caramel

8-10人份

難易度 ★★☆

準備時間：1小時

冷藏時間：40分鐘

烹調時間：40分鐘

巧克力甜酥麵糰

· 室溫回軟的奶油175克
· 糖粉125克
· 蛋1顆
· 過篩的麵粉250克
· 過篩的無糖可可粉20克

配料

· 黑巧克力100克
· 液狀鮮奶油200毫升
· 淡味的蜂蜜50克
· 蛋黃5個

焦糖香梨

· 浸泡糖漿的洋梨850克
· 淡味的蜂蜜50克
· 奶油20克

◇ 將麵皮套入塔模的正確手法請參考第88頁

巧克力甜酥麵糰的製作：將室溫回軟的奶油和糖粉混合。加入蛋，接著是過篩的麵粉和可可粉。將材料揉成團狀，並略略壓扁。以保鮮膜包裹，然後冷藏30分鐘。

烤箱預熱180℃（熱度6）。將直徑22公分的塔模塗上奶油。在工作檯上撒上麵粉。將甜酥麵糰擀成直徑27公分，厚度約3公釐的圓形麵皮，接著將麵皮套入塔模。冷藏10分鐘。

在麵皮上擺上一張略大於模型的烤盤紙，接著是一層乾燥的豆粒（或米）。於烤箱中烘烤約10分鐘，直到麵皮略呈金黃色。將模型從烤箱中取出，將烤盤紙連同乾燥豆粒（或米）一起移開。將溫度調低至160℃（熱度5-6），讓塔底再度烘烤8分鐘，直到塔底呈現金黃色。在網架上預留備用。

將烤箱的溫度調低至140℃（熱度4-5）。

配料的製作：將黑巧克力切碎並放入碗中。將鮮奶油和蜂蜜煮沸。用攪拌器攪拌蛋黃，接著混入熱騰騰的鮮奶油和蜂蜜的混合物。將所有材料淋在切碎的巧克力上，攪拌並備用。

焦糖香梨的製作：將切半的洋梨瀝乾，然後在長柄不沾平底鍋中，以蜂蜜和奶油用大火為洋梨裹上一層焦糖。將切半的梨子擺在砧板上，放至微溫，然後切成半月形。

將預留的配料倒入塔底，接著以平抹刀將切好的梨子擺在配料上。將塔置於烤箱中烘烤20分鐘後享用。

杏仁巧克力塔
Tarte au chocolat praliné

10-12人份

難易度 ★★★

準備時間：1小時

冷藏時間：1小時

烹調時間：20至25分鐘

杏仁法式塔皮麵糰
- 室溫回軟的奶油100克
- 杏仁粉20克
- 過篩的麵粉175克
- 鹽1撮
- 糖粉65克
- 香草糖1/4包
- 蛋1顆

杏仁巧克力奶油醬
- 黑巧克力400克
- 液狀鮮奶油400毫升
- 香草精1至2滴
- 奶油90克

焦糖杏仁和榛果
- 水50毫升
- 細砂糖100克
- 整顆的杏仁50克
- 整顆的榛果50克
- 奶油10克

杏仁法式塔皮麵糰的製作：用指尖混合室溫回軟的奶油、杏仁粉、過篩的麵粉、鹽、糖粉和香草糖，直到呈現沙般的碎屑狀。加入蛋，然後再度攪拌，將材料揉成團狀，並稍微壓扁。以保鮮膜包裹，然後冷藏30分鐘。

烤箱預熱180℃（熱度6）。將直徑25×10公分的矩形模型塗上奶油。將杏仁法式塔皮麵糰擀成約3公釐的厚度，裁出30×15公分的矩形，接著將麵皮套入塔模。冷藏10分鐘。

在麵皮上擺上一張略大於模型的烤盤紙，接著放上一層乾燥的豆粒（或米）。於烤箱中烘烤約10分鐘，直到麵皮略呈金黃色。將模型從烤箱中取出，將烤盤紙連同乾燥豆粒（或米）一起移開。將溫度調低至160℃（熱度5-6），讓塔底再度烘烤10至15分鐘，直到塔底呈現金黃色。接著在網架上放涼。

杏仁巧克力奶油醬的製作：將巧克力約略切碎並放入碗中。將鮮奶油煮沸，然後淋在巧克力上。攪拌均勻。加入杏仁巧克力、香草精和奶油。將此奶油醬倒入塔底，冷藏20分鐘。

焦糖杏仁及榛果的製作：在平底深鍋中將水和糖煮沸，接著燉煮約5分鐘（直到烹飪溫度計達117℃）。離火後，加入杏仁和榛果，攪拌均勻，讓糖凝結，並讓乾果覆蓋上白色的粉末。然後再度將平底深鍋中以文火加熱讓糖焦化。這時混入奶油。將焦糖杏仁及榛果鋪在烤盤紙上，以抹刀攪拌使其冷卻。一旦冷卻，就用您的手心摩擦，讓杏仁和榛果分離，然後擺在塔上即可享用。

主廚小巧思：您亦能使用直徑26公分的圓形模型。然後將未切裁的麵皮套入模型中。

焦糖乾果巧克力奶油塔
Tarte à la crème chocolat, aux fruits secs caramélisés

8-10人份

難易度 ★★★

準備時間：1小時

冷藏時間：40分鐘

烹調時間：1小時10分鐘

甜酥麵糰

- 室溫回軟的奶油120克
- 糖粉75克
- 鹽1撮
- 杏仁粉25克
- 蛋1顆
- 過篩的麵粉200克

巧克力奶油醬

- 牛奶200毫升
- 過篩的無糖可可粉30克
- 巧克力20克
- 法式濃鮮奶油（crème fraîche）200毫升
- 蛋黃4個
- 細砂糖120克

巧克力鏡面

- 法式濃鮮奶油60毫升
- 細砂糖10克
- 淡味的蜂蜜10克
- 巧克力碎末（chocolat râpé）60克
- 奶油10克

焦糖乾果

- 水10毫升
- 細砂糖35克
- 去皮榛果35克
- 去皮杏仁35克
- 奶油5克

甜酥麵糰的製作：將室溫回軟的奶油、糖粉、鹽和杏仁粉混合。混入蛋，然後是過篩的麵粉。將材料揉成團狀，並略略壓扁。以保鮮膜包裹，然後冷藏30分鐘。

烤箱預熱180°C（熱度6）。將直徑22公分的塔模塗上奶油。在工作檯上撒上麵粉。將甜酥麵糰擀成直徑27公分，厚度約3公釐的圓形麵皮，接著將麵皮套入塔模。冷藏10分鐘。

在麵皮上擺上一張大於模型的烤盤紙，接著是一層乾燥的豆粒（或米）。於烤箱中烘烤約10分鐘，直到麵皮略呈金黃色。將模型從烤箱中取出，將烤盤紙連同乾燥豆粒（或米）一起移開。將溫度調低至160°C（熱度5-6），讓塔底再度烘烤8分鐘。置於網架上備用。

巧克力奶油醬的製作：將牛奶和可可粉及巧克力一同煮沸。加入鮮奶油，然後將平底深鍋熄火。在碗中攪拌蛋黃和糖，接著混入牛奶、可可粉和巧克力的混合物。將此奶油醬倒入塔底。於烤箱中烘烤約45分鐘，然後放涼。

巧克力鏡面的製作：將鮮奶油和糖及蜂蜜一同加熱，然後將所有材料淋在巧克力碎末上，攪拌至巧克力融化，然後再混入奶油。

焦糖乾果的製作：將水和糖煮沸，接著燉煮約5分鐘（直到烹飪溫度計達117°C）。離火後，加入榛果和杏仁。仔細攪拌直到糖凝結，且乾果覆蓋上白色的粉末。然後再度在平底深鍋中以文火讓糖焦化。接著加入奶油。然後將乾果鋪在烤盤紙上。

將巧克力鏡面淋在塔上，擺上焦糖榛果和杏仁後享用。

編註：
法式濃鮮奶油crème fraîche與液狀鮮奶油crème liquide不同，已是濃稠乳霜狀，有些微的酸味，但又不如酸奶sour cream那麼酸。

可可脆片甘那許蘋果塔
Tarte aux pommes sur ganache au grué de cacao

8人份

難易度 ★★☆

準備時間：1小時

冷藏時間：1小時40分鐘

烹調時間：約40分鐘

巧克力油酥餅
（pâte brisée）

· 過篩的麵粉125克
· 過篩的無糖可可粉10克
· 細砂糖50克
· 鹽1撮
· 切塊的奶油75克
· 蛋黃1個
· 水45毫升
· 巧克力米15克

可可脆片甘那許（ganache au grué de cacao）

· 可可脆片巧克力100克
· 液狀鮮奶油100毫升
· 肉荳蔻粉2撮
· 香草精1小匙

焦糖水果

· 青蘋果2顆
· 奶油30克
· 細砂糖30克

裝飾（隨意）

· 可可脆片或巧克力米

巧克力油酥餅的製作：將過篩的麵粉、可可粉與糖和鹽混合。加入一塊塊的奶油，然後攪拌至呈現沙般的碎屑狀。在中央做出一個凹槽，加入蛋黃和水並稍微攪拌。加入巧克力米。將麵糊揉成團狀，並略略壓扁。以保鮮膜包裹，然後冷藏30分鐘。

烤箱預熱180°C（熱度6）。將直徑20公分的塔模塗上奶油。在工作檯上撒上麵粉。將油酥麵糰擀成直徑25公分，厚度約3公釐的圓形麵皮，接著將麵皮套入塔模。冷藏10分鐘。

在麵皮上擺上一張略大於模型的烤盤紙，接著是一層乾燥的豆粒（或米）。於烤箱中烘烤約10分鐘，直到麵皮略呈金黃色。將模型從烤箱中取出，將烤盤紙連同乾燥豆粒（或米）一起移開。將溫度調低至160°C（熱度5-6），讓塔底再度烘烤10至15分鐘。置於網架上備用。

可可脆片甘那許的製作：將巧克力切碎並放入碗中。將鮮奶油和肉荳蔻粉一同煮沸，然後淋在巧克力上。摻入香草精並攪拌均勻。將此甘那許倒入塔底，然後將塔冷藏約1小時。

焦糖水果的製作：將每個蘋果去皮並切成4塊。在長柄不沾平底鍋中將奶油和糖一同加熱，然後加入蘋果，以文火烹煮10分鐘，直到蘋果軟化。將火調大，讓蘋果裹上焦糖。接著放至微溫。

以平抹刀將塊狀的焦糖蘋果放到塔上。冷藏，但需在享用前約30分鐘取出。可依個人喜好撒上可可脆片或巧克力米。

聰明豆巧克力塔
Tarte aux dragées chocolatées

8人份

難易度 ★★★

準備時間：40分鐘

冷藏時間：1小時10分鐘

烹調時間：20至25分鐘

甜酥麵糰

- 室溫回軟的奶油120克
- 糖粉100克
- 鹽1撮
- 蛋1顆
- 過篩的麵粉200克

甘那許

- 苦甜巧克力100克
  （可可脂含量55至70%）
- 液狀鮮奶油100毫升
- 聰明豆56克
  （SMARTIES®巧克力糖）
  2盒

◇ 製作基礎甘那許的正確手
法請參考12頁

甜酥麵糰的製作：將室溫回軟的奶油跟糖粉和鹽混合。混入蛋，然後是過篩的麵粉。將材料揉成團狀，並略略壓扁。以保鮮膜包裹，然後冷藏30分鐘。

烤箱預熱180°C（熱度6）。將直徑20公分的塔模塗上奶油。在工作檯上撒上麵粉。將甜酥麵糰擀成直徑25公分，厚度約3公釐的圓形麵皮，接著將麵皮套入塔模。冷藏10分鐘。

在麵皮上擺上一張大於模型的烤盤紙，接著是一層乾燥的豆粒（或米）。於烤箱中烘烤約10分鐘，直到麵皮略呈金黃色。將模型從烤箱中取出，將烤盤紙連同乾燥豆粒（或米）一起移開。將溫度調低至160°C（熱度5-6），讓塔底再度烘烤10至15分鐘。置於網架上備用。

甘那許的製作：將巧克力約略切碎並放入碗中。將鮮奶油煮沸，淋在巧克力上並攪拌均勻。靜置至甘那許可以輕易用以塗抹。接著將甘那許倒入塔底並均勻地攤開。擺上聰明豆巧克力糖，置於陰涼處30分鐘後享用。

核桃巧克力迷你塔
Tartelettes chocolat-noix

8人份

難易度 ★★★

準備時間：1小時15分鐘

烹調時間：25至30分鐘

冷藏時間：1小時40分鐘

巧克力甜酥麵糰

- 室溫回軟的奶油175克
- 糖粉125克
- 鹽1撮
- 蛋1顆
- 過篩的麵粉250克
- 過篩的無糖可可粉20克

核桃焦糖

- 核桃仁200克
- 細砂糖200克
- 淡味的蜂蜜50克
- 奶油30克
- 液狀鮮奶油170毫升

◇ 將麵皮套入迷你塔模的正確手法請參考第89頁

巧克力甜酥麵糰的製作：將室溫回軟的奶油跟糖粉和鹽混合。混入蛋，然後是過篩的麵粉和可可粉。將材料揉成團狀，並略略壓扁。以保鮮膜包裹，然後冷藏30分鐘。

烤箱預熱180℃（熱度6）。將8個直徑8公分的迷你塔模塗上奶油。在工作檯上撒上麵粉。將甜酥麵糰擀成約3公釐的厚度，用直徑10公分的慕斯圈裁出8個圓形蛋糕體。將麵皮套入塔模，並用叉子在底部戳洞。冷藏10分鐘。

將迷你塔底於烤箱中烘烤約20分鐘。置於網架上備用。

核桃焦糖的製作：將烤箱維持在同樣的溫度。將核桃約略切碎，於烤箱中烤5到10分鐘。在平底深鍋中加熱糖和蜂蜜，直到糖完全溶解。將火調大，烹煮約10分鐘以獲得金黃色的焦糖（直到烹飪溫度計達170℃）。將平底深鍋熄火，加入奶油。再次小心地將焦糖加熱，然後慢慢淋上鮮奶油以阻止糖繼續烹煮。接著將焦糖以漏斗型網篩過濾。混入烘烤過的核桃，然後讓所有材料放至微溫。

用一支大湯匙將核桃焦糖鋪在迷你塔底。將迷你塔冷藏1小時後享用。

主廚小巧思：為了增添風味，可在切碎的核桃中加入新鮮的開心果。

奴軋汀巧克力迷你塔
Tartelettes au chocolat nougatine

12-14人份

難易度 ★★☆

準備時間：1小時30分鐘

冷藏時間：1小時

烹調時間：20分鐘

杏仁甜酥麵糰

- 室溫回軟的奶油120克
- 糖粉75克
- 鹽1撮
- 杏仁粉25克
- 蛋1顆
- 過篩的麵粉200克

奴軋汀（nougatine）

- 杏仁片40克
- 細砂糖75克
- 淡味的蜂蜜30克

巧克力英式奶油醬

- 液狀鮮奶油300毫升
- 蛋3顆
- 細砂糖60克
- 黑巧克力碎片120克
  （可可脂含量70%）

◇ 將麵皮套入迷你塔模的正
確手法請參考第89頁

杏仁甜酥麵糰的製作：將室溫回軟的奶油跟糖粉、鹽和杏仁粉混合。混入蛋，然後是過篩的麵粉。將材料揉成團狀，並略略壓扁。以保鮮膜包裹，然後冷藏30分鐘。

烤箱預熱180℃（熱度6）。將12至14個直徑8公分的迷你塔模塗上奶油。在工作檯上撒上麵粉。將甜酥麵糰擀成約3公釐的厚度，用直徑10公分的慕斯圈裁出12至14個圓形麵皮。將麵皮套入塔模，並用叉子在底部戳洞。冷藏10分鐘。

將迷你塔置於烤箱中烘烤約20分鐘直到變成金黃色為止。置於網架上備用。將溫度調低為150℃（熱度5）。

奴軋汀的製作：將杏仁片擺在鋪有烤盤紙的烤盤上，置於烤箱中5分鐘，讓杏仁微微上色。在平底深鍋中加熱糖和蜂蜜，直到糖完全溶解。將火調大，烹煮約10分鐘，以獲得金黃色的焦糖（直到烹飪溫度計達170℃）。加入杏仁片並攪拌均勻。將此奴軋汀倒入鋪有烤盤紙的烤盤上，接著再蓋上烤盤紙。用擀麵棍在上面擀出厚度2公釐的奴軋汀。放涼後用食物料理機將奴軋汀打碎。

巧克力英式奶油醬的製作：將鮮奶油煮沸。用攪拌器攪拌蛋和糖，直到混合物泛白且變得濃稠。將一部分倒入熱的鮮奶油，同時快速攪拌，接著再將所有材料倒入平底深鍋中，在烹煮的過程中不斷以木杓攪拌，直到奶油醬變稠並附著於杓背。離火，淋在巧克力碎片上並攪拌均勻。

將打碎的奴軋汀填入迷你塔底至3/4滿。淋上巧克力奶油醬。冷藏30分鐘，讓奶油醬凝固。撒上奴軋汀。

栗子迷你塔
Tartelettes aux marrons

8人份

難易度 ★★★

準備時間：5分鐘＋1小時

冷藏時間：40分鐘

烹調時間：20分鐘

・浸泡香草糖漿的栗子16顆
　或糖栗子16顆

巧克力法式塔皮麵糰
・室溫回軟的奶油80克
・過篩的麵粉115克
・過篩的無糖可可粉10克
・鹽1撮
・糖粉80克
・蛋1顆

栗子甘那許
・黑巧克力130克
・液狀鮮奶油50毫升
・栗子醬（crème marron）
　100克

裝飾（隨意）
・黑巧克力100克
・細砂糖50克

◇ 將麵皮套入迷你塔模的正確手法請參考第89頁

前一天晚上，將浸泡過香草糖漿的栗子瀝乾，切塊。

當天，巧克力法式塔皮麵糰的製作：用指尖混合室溫回軟的奶油、過篩的麵粉和可可粉、鹽，以及糖粉，直到呈現沙般的碎屑狀。加入蛋，然後攪拌至麵糊呈現團狀。將麵糰壓扁，以保鮮膜包裹，然後冷藏30分鐘。

烤箱預熱180℃（熱度6）。將8個直徑8公分的迷你塔模塗上奶油。在工作檯上撒上麵粉。將巧克力法式塔皮麵糰擀成約3公釐的厚度。以直徑10公分的慕斯圈裁出8張麵皮。將麵皮套入塔模，並用叉子在底部戳洞。冷藏10分鐘。

讓迷你塔於烤箱中烘烤約20分鐘，然後置於網架上備用。

栗子甘那許的製作：將巧克力約略切碎並放入碗中。將液狀鮮奶油和栗子醬煮沸，然後淋在巧克力上並攪拌均勻。將此甘那許倒入迷你塔塔底，接著擺上浸泡過香草糖漿的栗子塊。將迷你塔放至微溫後享用。

您亦能用調溫的黑巧克力和細砂糖來進行裝飾。為了巧克力的調溫，請遵照接下來的每個步驟，以獲得品質優良的巧克力結晶：將黑巧克力約略切碎，然後隔水加熱至融化達45℃（請使用烹飪溫度計）。讓巧克力冷卻至27℃，然後再度加熱至30℃。將調溫巧克力填入烤盤紙做的圓錐形紙袋中。將圓錐形紙袋的尖端裁去，接著在擺滿細砂糖的盤子上依您個人的喜好擠出花樣裝飾。讓巧克力在糖中凝固，接著小心地擺在迷你塔上。重複同樣的步驟為每個迷你塔進行裝飾。

巧克力舒芙蕾迷你塔
Tartelettes soufflées au chocolat

12人份

難易度 ★★★

準備時間：1小時15分鐘

冷藏時間：40分鐘

烹調時間：30分鐘

甜酥麵糰

· 室溫回軟的奶油120克
· 糖粉100克
· 鹽1撮
· 蛋1顆
· 過篩的麵粉200克

巧克力卡士達奶油醬
（**crème pâtissière**）

· 無糖可可粉20克
· 水50毫升
· 牛奶200毫升
· 蛋黃2個
· 細砂糖60克
· 麵粉20克
· 蛋黃1個

· 蛋白3個

◇ 將麵皮套入迷你塔模的正確手法請參考第89頁

甜酥麵糰的製作：將室溫回軟的奶油跟糖粉和鹽混合。混入蛋，然後是過篩的麵粉和可可粉。將材料揉成團狀，並略略壓扁。以保鮮膜包裹，然後冷藏30分鐘。

烤箱預熱180°C（熱度6）。將12個直徑8公分的迷你塔模塗上奶油。在工作檯上撒上麵粉。將甜酥麵糰擀成約3公釐的厚度。用直徑10公分的慕斯圈裁出12個圓形麵皮。將麵皮套入模型，並用叉子在底部戳洞。冷藏10分鐘。

將迷你塔於烤箱中烘烤約15分鐘，直到麵皮略呈金黃色。放涼後，脫模備用。

巧克力卡士達奶油醬的製作：在平底深鍋中將可可粉與水摻合。加入牛奶並煮沸。離火。在碗中將蛋和糖打發，直到混合物泛白並變得濃稠，接著混入麵粉。淋上一半的熱牛奶並攪拌均勻。混入剩餘的牛奶，然後將所有材料再度倒入平底深鍋中。以文火燉煮，同時不斷以木杓攪拌，直到奶油醬變稠。讓奶油醬沸騰1分鐘並不斷攪拌。放至微溫，接著混入蛋黃。將此奶油醬倒入碗中並以保鮮膜覆蓋表面。

烤箱預熱180°C（熱度6）。將蛋白打發至凝固的泡沫狀。非常小心地將打發的蛋白混入卡士達奶油醬中。將混合物鋪在迷你塔塔底並填至2/3滿，接著於烤箱中烘烤約15分鐘，直到舒芙蕾均勻膨脹。

主廚小巧思：這種迷你塔和開心果英式奶油醬是絕配。因此，可參考第206頁的指示製作英式奶油醬，但省略香草莢，在將材料倒入平底深鍋中後，加入20克的開心果醬。

榛果巧克力舒芙蕾迷你塔
Tartelettes soufflées au chocolat et aux noisettes

10人份

難易度 ★★★

準備時間：1小時15分鐘

冷藏時間：40分鐘

烹調時間：約30分鐘

榛果甜酥麵糰

- 室溫回軟的奶油100克
- 糖粉40克
- 鹽1撮
- 香草糖1/4包
- 蛋1顆
- 過篩的麵粉200克
- 過篩的榛果粉40克

巧克力卡士達奶油醬

- 無糖可可粉25克
- 水50毫升
- 牛奶200毫升
- 蛋黃3個
- 細砂糖15克
- 麵粉20克
- 榛果利口酒1大匙

- 蛋白3個
- 細砂糖50克

裝飾

- 糖粉

榛果甜酥麵糰的製作：將室溫回軟的奶油跟糖粉、鹽和香草糖混合。混入蛋，然後是過篩的麵粉和榛果粉。將材料揉成團狀，並略略壓扁。以保鮮膜包裹，冷藏30分鐘。

烤箱預熱180℃（熱度6）。將10個直徑8公分的迷你塔模塗上奶油。在工作檯上撒上麵粉。將榛果甜酥麵糰擀成約3公釐的厚度。用直徑10公分的慕斯圈裁出10個圓形麵皮。將麵皮套入模型，並用叉子在底部戳洞。冷藏10分鐘。

將迷你塔於烤箱中烘烤約15分鐘，直到麵皮略呈金黃色。放涼後，脫模備用。

巧克力卡士達奶油醬的製作：在平底深鍋中將可可粉與水摻合。加入牛奶並煮沸。將平底深鍋離火。在碗中將蛋黃和糖打發，直到混合物泛白並變得濃稠，接著混入麵粉。淋上一半的熱牛奶並攪拌均勻。混入剩餘的牛奶，然後將所有材料再度倒入平底深鍋中。以文火燉煮，同時不斷地攪拌，直到奶油醬變稠。讓奶油醬沸騰1分鐘並持續攪拌。將此奶油醬倒入碗中並以保鮮膜覆蓋表面。放涼後加入榛果利口酒。

烤箱預熱180℃（熱度6）。將蛋白打發到微微起泡。一點一點地加入1/3的糖並持續攪拌，讓蛋白變得平滑且光亮。接著小心地倒入剩餘的糖，攪拌至硬性發泡。小心地混入卡士達奶油醬。將混合物鋪在迷你塔的塔底，填至2/3滿，接著於烤箱中烘烤約15分鐘，直到舒芙蕾均勻膨脹。撒上糖粉後立即享用。

Délices de mousse, délices de crème

慕斯和奶油的饗宴

le bon geste pour faire une meringue chocolatée

製作巧克力蛋白霜的正確手法

請依您選擇食譜（範例請參照第168頁）所列的食材來調整此巧克力蛋白霜的作法。

① 在碗中將4個蛋白打發至起泡。逐漸加入1/3的糖，假設是40克，並持續攪拌至蛋白變得平滑且發亮。

② 接著逐漸倒入剩餘2/3的糖，假設為80克。將蛋白打發至凝固，並在提起攪拌器時泡沫呈現尖角下垂的狀態。

③ 小心地混入100克的糖粉和20克預先過篩的無糖可可粉。用木杓混合，從碗的中央開始朝邊緣攪拌。當麵糊變得柔軟並發亮時停止攪拌。

le bon geste pour préparer des moules à soufflé

製備舒芙蕾（soufflé）模的
正確手法

請依您所選擇的食譜（範例請參照第192至200頁）來製作舒芙蕾。以下介紹的手法適用於個別舒芙蕾或單一大型的舒芙蕾。

① 用毛刷為舒芙蕾模刷上奶油。將糖均勻地撒在每個塗有奶油的模型內壁。接著將舒芙蕾模倒扣在碗上，讓多餘的糖落下。

② 將麵糊放入舒芙蕾模中，填滿至與邊緣齊平，然後以軟抹刀將表面整平。

③ 用拇指劃過舒芙蕾模壁的上方，以便將麵糊和舒芙蕾模的邊緣之間清出5公釐的空間；這使舒芙蕾更能輕易地升起。依選擇食譜所給予的指示進行烘烤。

巧克力夏露蕾特
Charlotte au chocolat

10-12人份

難易度 ★★★

準備時間：1小時30分鐘

烹調時間：8分鐘

冷藏時間：1小時

指形蛋糕體
（biscuit à la cuillère）

- 蛋4顆
- 細砂糖120克
- 過篩的麵粉120克
- 糖粉

巧克力巴伐露
（bavaroise au chocolat）

- 吉力丁3片
- 牛奶170毫升
- 液狀鮮奶油500毫升
- 細砂糖60克
- 蛋黃6個
- 巧克力碎片200克

裝飾（隨意）
- 巧克力刨花
  （參考第209頁）

烤箱預熱180°C（熱度6）。將直徑22公分的慕斯圈塗上奶油並撒上糖。在烤盤上鋪上烤盤紙，用鉛筆在上面描出直徑22公分的圓。

指形蛋糕的製作：將蛋黃和蛋白分開。在碗中攪拌蛋黃和一半的糖，直到混合物泛白並起泡。將蛋白與另一半的糖打發至硬性發泡。小心地將打發的蛋白混入蛋黃和糖的混合物，接著加入過篩的麵粉。將這麵糊倒入裝有圓口擠花嘴的擠花袋中。在預先描繪好的圓中製作圓形蛋糕體，從中間開始擠出螺旋狀的圓形，並在麵糊和畫好的圓之間預留1公分。用剩餘的麵糊擠出長度相當於慕斯圈高度的條狀，然後將它們一個個輕靠在一起以形成帶狀。撒上2次糖粉。於烤箱中烘烤8分鐘，直到麵糊呈現金黃色。

巧克力巴伐露的製作：將吉力丁浸泡在冷水中。將牛奶、170毫升的鮮奶油和一半的糖一起煮沸。將蛋黃和其餘的糖攪拌至起泡，然後倒在1/4的牛奶、鮮奶油和糖的混合物上，用力地攪拌。加入另外的1/4並持續攪拌，接著將所有材料倒入平底深鍋中。以文火燉煮並不斷攪拌，直到奶油附著於橡皮刮刀上。按壓吉力丁，盡可能擠出所有的水分，然後摻入混合均勻。以漏斗型網篩過濾，接著倒入裝有巧克力碎片的碗中。快速攪拌。將碗放入裝滿冰的器皿中。在這段時間裡，將剩餘的液狀鮮奶油打發至不會從攪拌器上滴落的狀態。在巧克力奶油開始凝固時，混入打發的鮮奶油。

將符合慕斯圈確切高度的帶狀蛋糕體切開。將圓形蛋糕體擺在慕斯圈底部，接著將帶狀蛋糕體貼附在壁上，將鼓起的部分朝外，圓形部分朝上。將巧克力巴伐露填至3/4滿。冷藏1小時。接著脫模，並以巧克力刨花進行裝飾。

巧克力烤布蕾
Crème brûlée au chocolat

6人份

難易度 ★ ★ ★

準備時間：10分鐘

烹調時間：25分鐘

冷藏時間：1小時

- 蛋黃4個
- 細砂糖50克
- 牛奶125毫升
- 液狀鮮奶油125毫升
- 黑巧克力碎片100克

裝飾
- 細砂糖

烤箱預熱95℃（熱度3-4）。

在大碗中混合蛋黃和40克的細砂糖。混合物必須變得起泡且發亮。

在平底深鍋中將牛奶、鮮奶油和剩餘的糖煮沸。加入巧克力碎片並加以攪拌。在混合物攪拌均勻時，輕輕地倒入含有蛋黃和糖的碗中，同時一邊攪拌。將上述材料填入6個奶油布蕾模型至3/4滿。

於烤箱中烘烤25分鐘，直到凝固。離火並放涼。接著置於陰涼處1小時。

輕輕地撒上糖。將烤箱連同鐵架一起烤熱，將巧克力烤布蕾放入烤箱中，略略烤出焦糖。放涼後享用。

主廚小巧思：為使烤布蕾適當地烤上焦糖或上色，請將烤箱的鐵架抬高至盡可能靠近熱源處。

白巧克力烤布蕾
Crème brûlée au chocolat blanc

6人份

難易度 ★★★

準備時間：30分鐘＋5分鐘

浸泡時間：1小時

冷藏時間：1個晚上

- 高脂濃奶油（crème épaisse）400毫升
- 香草莢1根
- 白巧克力130克
- 蛋黃6個
- 粗粒紅砂糖（cassonade）

前一天晚上，在平底深鍋中將鮮奶油和已經剖成兩半並以刀尖刮下內容物的香草莢煮沸。離火，然後浸泡約1小時。

接著將白巧克力切碎，並隔水加熱至融化。加入蛋黃均勻混合。將香草濃奶油摻入巧克力和蛋黃的混合物中。將所有材料倒入另一個平底深鍋中，以文火烹煮，並以木杓不斷攪拌，直到奶油變得濃稠並附著於木杓為止（注意別把奶油煮沸）。以漏斗型網篩過濾，接著分裝至6個直徑8公分、高4公分的舒芙蕾模裡。將白巧克力奶油放涼，接著冷藏1個晚上。

當天，在白巧克力奶油表面撒上粗粒紅砂糖，然後置於烤熱的鐵架上，直到糖焦化。即刻享用。

胡椒香醍巧克力奶油佐焦糖薄片
Crème chocolat, chantilly au poivire, fines feuilles de caramel

12-15人份

難易度 ★★★

準備時間：1小時

冷藏時間：30分鐘

巧克力英式奶油醬

· 黑巧克力220克
· 吉力丁2片
· 蛋黃5個
· 細砂糖60克
· 牛奶250毫升
· 液狀鮮奶油250毫升
· 香草莢1根

焦糖薄片

· 細砂糖250克
· 淡味的蜂蜜150克

胡椒香醍

（chantilly au poivre）

· 液狀鮮奶油200毫升
· 胡椒粉1撮
· 糖粉20克

巧克力英式奶油醬的製作：將巧克力切碎並放入碗中。將吉力丁泡在冷水中。在碗中用攪拌器攪拌蛋黃和糖，直到混合物泛白並變得濃稠。在平底深鍋中將牛奶和已經剖成兩半並以刀尖刮下內容物的香草莢煮沸。將上述1/3的麵糊倒入蛋黃和糖的混合物中並快速攪拌。將所有材料再度倒入平底深鍋中，以文火烹煮，並不斷以木杓攪拌，直到奶油變稠並附著於杓背（注意別把奶油醬煮沸）。將平底深鍋熄火，並將香草莢移除。按壓吉力丁，盡可能擠出所有的水分，接著加入英式奶油醬中。將所有材料倒在切碎的巧克力上，並以橡皮刮刀輕輕攪拌。將這巧克力奶油醬分裝至12至15個杯中，冷藏30分鐘。

焦糖薄片的製作：在平底深鍋中加熱糖和蜂蜜，直到糖溶解。將火調大，續煮約10分鐘，以獲得金黃色的焦糖。用木杓在塗油的烤盤上或矽膠墊上鋪上一層薄薄的焦糖。放涼，接著剝成大塊的碎片。

胡椒香醍的製作：將鮮奶油和胡椒一起打發。當奶油變得濃稠時，加入糖粉並持續打發，直到鮮奶油香醍變得凝固，而且不會從攪拌器上滴落的狀態。倒入裝有圓口擠花嘴的擠花袋中。將鮮奶油香醍裝入巧克力英式奶油醬的杯中，然後將焦糖薄片插在上面。

主廚小巧思：有多種胡椒可為您的鮮奶油香醍增添強烈和刺激的味道，而且和巧克力是絕妙的搭配，如：沙勞越（Sarawak）、四川的胡椒或蓽澄茄（cubébe）。將胡椒在最後一刻磨碎以增添風味。

愛爾蘭鮮奶油咖啡
Crème à l'Irish coffee

4人份

難易度 ★★★

準備時間：25分鐘

冷藏時間：30分鐘

甘那許

- 苦甜巧克力200克
  （可可脂含量55至70%）
- 高脂濃奶油（crème
  fraîche épaisse）200毫升
- 細砂糖2大匙
- 威士忌2大匙

咖啡鮮奶油

- 液狀鮮奶油200毫升
- 過篩的糖粉45克
- 咖啡精1大匙

裝飾

- 無糖可可粉

甘那許的製作：將巧克力切碎並放入碗中。將高脂濃奶油和糖煮沸，然後立即淋在巧克力上。攪拌至稠膩狀，接著加入威士忌。將此甘那許冷藏15分鐘。然後分裝至4個容量150毫升的玻璃杯中，冷藏備用。

咖啡鮮奶油的製作：將鮮奶油和糖粉打發，直到混合物不會從攪拌器上滴落為止，接著加入咖啡精。將這咖啡鮮奶油放入裝有星形擠花嘴的擠花袋中。

將玻璃杯從冰箱中取出，並將咖啡鮮奶油擠在甘那許上。撒上可可粉後享用。

主廚小巧思：您可在1小匙的熱水中摻入1大匙的即溶咖啡，用以代替咖啡精。

古早味舒芙蕾
Crème soufflée à l'ancienne

4人份

難易度 ★★★

準備時間：15至20分鐘

烹調時間：7或8分鐘

- 苦甜巧克力100克
  （可可脂含量55至70%）
- 奶油60克
- 過篩的無糖可可粉30克
- 蛋黃2個
- 蛋白3個
- 細砂糖50克
- 糖粉

烤箱預熱200℃（熱度6-7）。將4個直徑14公分（或容量160毫升）的小烤盤塗上奶油並撒上糖。

將巧克力切碎並隔水加熱至融化。加入奶油攪拌，接著摻入過篩的可可粉。將隔水加熱的鍋子熄火，放至微溫，並加入蛋黃。預留備用。

將蛋白打發至微微起泡。逐漸加入1/3的糖，並持續打發至蛋白變得平滑且發亮。接著小心地倒入剩餘的糖，將蛋白打發至硬性發泡。

小心地將這些打成泡沫的蛋白分3次混入巧克力的混合物中。將上述麵糊分裝至小烤盤中，於烤箱中烘烤7到8分鐘。一出爐，便在舒芙蕾上撒上糖粉並立即享用。

主廚小巧思：在室溫下較容易將蛋白打成泡沫狀。

雙色慕斯凍派
Deux mousses en terrine

10-12人份

難易度 ★★☆

準備時間：1小時30分鐘

烹調時間：8分鐘

冷藏時間：2小時

　　　　　（或冷凍1小時）

巧克力海綿蛋糕（génoise）

· 奶油20克

· 蛋4顆

· 細砂糖125克

· 過篩的麵粉90克

· 過篩的無糖可可粉30克

牛奶巧克力慕斯

· 牛奶巧克力100克

· 液狀鮮奶油200毫升

· 蛋黃2個

· 水30毫升

· 細砂糖20克（1.5大匙）

黑巧克力慕斯

· 黑巧克力150克

· 液狀鮮奶油300毫升

· 蛋黃2個

· 水40毫升

· 細砂糖30克（2大匙）

烤箱預熱200℃（熱度6-7）。在烤盤上覆蓋一張30×38公分的烤盤紙。

巧克力海綿蛋糕的製作：在平底深鍋中將奶油加熱至融化。將蛋和糖隔水加熱5到8分鐘，同時以攪拌器攪拌，直到混合物泛白並呈現濃稠的緞帶狀；舉起攪拌器時，流下的混合料必須不斷形成緞帶狀。將混合物從隔水加熱的容器中取出，用電動攪拌器以最高速攪拌直到冷卻為止。分2至3次加入過篩的麵粉和可可粉，接著小心但迅速地混入微溫的奶油。將混合物倒入烤盤至與邊緣齊平，然後於烤箱中烘烤8分鐘，直到海綿蛋糕摸起來柔軟且脫離烤盤紙。將烤盤紙連同海綿蛋糕一起挪到網架上。在上面擺上第二個網架，並將海綿蛋糕倒扣。將此時在上面的網架移除，然後放涼。抽出烤盤紙並將海綿蛋糕切片。將海綿蛋糕鋪在25×10公分的長方形烤模中，將蛋糕切片靠著側邊的內壁擺放，不要觸碰到烤盤紙。預留一塊和模型大小相當的蛋糕切片，以便進行最後的組裝。

牛奶巧克力慕斯的製作：將巧克力切碎並隔水加熱至融化。將鮮奶油打發至凝固而且不會從攪拌器上滴落的狀態，接著冷藏。在碗中將蛋黃攪拌至顏色變淺。在平底深鍋中將水和糖煮沸，接著燉煮2分鐘。小心將這煮好的糖漿倒入蛋黃中，持續攪拌至混合物變得濃稠並冷卻為止。用橡皮刮刀一點一點地混入巧克力，接著再加入打發的鮮奶油混合。

黑巧克力慕斯的製作：重複上述的步驟，將牛奶巧克力改為黑巧克力。

將牛奶巧克力慕斯倒入鋪有海綿蛋糕的模型中。用大湯匙的背部將表面整平，接著淋上黑巧克力慕斯。將預留的海綿蛋糕切片擺在上面。將長方形烤模冷藏2小時（或冷凍1小時）。這道甜點必須趁冰涼時享用。

咖啡巧克力甜點
Entremets café-chocolat

6-8人份

難易度 ★★★

準備時間：1小時

烹調時間：15分鐘

冷藏時間：2小時

特濃黑巧克力蛋糕（biscuit au chocolat noir intense）

· 特濃黑巧克力50克
  （可可脂含量70%）
· 室溫回軟的奶油50克
· 蛋黃2個
· 蛋白2個
· 細砂糖20克
· 過篩的麵粉25克

咖啡糖漿

· 水50毫升
· 細砂糖40克
· 咖啡1小匙（5克）

咖啡慕斯

· 黑巧克力85克
  （可可脂含量55%）
· 液狀鮮奶油175毫升
· 蛋黃3個
· 細砂糖40克
· 咖啡精20克

鏡面

· 黑巧克力50克
· 液狀鮮奶油75毫升
· 淡味的蜂蜜15克

裝飾（隨意）

· 咖啡豆

烤箱預熱180℃（熱度6）。在烤盤上鋪一張烤盤紙。將置於烤盤上18×18公分的方形中空模內塗上奶油。

特濃黑巧克力蛋糕的製作：將巧克力切成細碎並隔水加熱至融化。將巧克力從隔水加熱的容器中取出，然後混入室溫回軟的奶油，接著是蛋黃。打發蛋白和糖，直到凝固為止，接著小心地混入巧克力的混合物。加入麵粉並攪拌。將所有材料倒入模型，於烤箱中烘烤15分鐘。讓蛋糕在模型中冷卻。

咖啡糖漿的製作：在平底深鍋中將水、糖和咖啡煮沸。接著將糖漿放涼。

咖啡慕斯的製作：將巧克力切成細碎，隔水加熱至融化，然後放至微溫。將鮮奶油打發，直到不會從攪拌器上滴落的狀態，然後冷藏。在碗中用攪拌器攪拌蛋黃和糖，直到混合物泛白並變得濃稠。加入咖啡精。接著用橡皮刮刀一點一點地混入巧克力和打發的鮮奶油。

將巧克力蛋糕浸以咖啡糖漿。倒上巧克力慕斯，並填滿至與模型的邊緣齊平，然後以軟抹刀將表面整平。冷藏1小時。

鏡面的製作：在碗中將巧克力切成細碎。在平底深鍋中將鮮奶油和蜂蜜煮沸，接著淋在巧克力上。混合均勻。

將甜點從冰箱中取出，以抹刀鋪上鏡面。再次冷藏約1小時，讓鏡面完全凝固，接著將模型移除。您亦能以咖啡豆來裝飾。

血橙白巧克力甜點
Entremets chocolat blanc et orange sanguine

6-8人份

難易度 ★★★

準備時間：1小時30分鐘

烹調時間：15分鐘

冷藏時間：4小時

無麵粉巧克力蛋糕
- 蛋白2個
- 細砂糖80克
- 蛋黃2個
- 可可粉25克

柳橙糖漿
- 水75毫升
- 細砂糖75克
- 血橙汁150毫升

柳橙慕斯
- 吉力丁2片
- 液狀鮮奶油300毫升
- 含果肉的血橙汁150毫升
- 細砂糖15克

白巧克力慕斯
- 白巧克力100克
- 液狀鮮奶油200毫升

裝飾
- 鏡面果膠（隨意，請參考第92頁並將比例加倍）
- 血橙3瓣

烤箱預熱180℃（熱度6）。在烤盤上覆蓋一張38×30公分的烤盤紙。

無麵粉巧克力蛋糕的製作：將蛋白攪拌至起泡。逐漸加入1/3的糖，並持續將蛋白打發至平滑且光亮。接著小心地倒入其餘的糖，將蛋白打發至硬性發泡。小心地混入蛋黃，接著是可可粉。將此混合物鋪在烤盤上，於烤箱中烘烤15分鐘。以直徑18公分的慕斯圈在蛋糕上裁出2個圓，然後保留多餘的部分。

柳橙糖漿的製作：將水和糖煮沸。熄火後加入血橙汁攪拌。

柳橙慕斯的製作：將吉力丁浸泡在一些冷水中。將鮮奶油打發至不會從攪拌器上滴落的狀態。在平底深鍋中加熱1/3的血橙汁，然後熄火。按壓吉力丁，盡可能擠出所有的水分，然後和糖一同加入熱的血橙汁中。攪拌至所有材料溶解。混入剩餘的血橙汁、1/3打發的鮮奶油，接著是剩餘的鮮奶油。

白巧克力慕斯的製作：將巧克力切碎並隔水加熱至融化。將鮮奶油打發至不會從攪拌器上滴落的狀態。將巧克力從隔水加熱的容器中取出。加入一些打發的鮮奶油，攪拌後小心地混入剩餘的鮮奶油。

烤盤鋪上烤盤紙並擺上慕斯圈。將一塊圓形蛋糕放入慕斯圈底，浸以柳橙糖漿，接著鋪上一層約3公分的柳橙慕斯。將另一塊蛋糕放上去，然後重複同樣的步驟鋪上白巧克力慕斯。用抹刀將表面磨平，冷藏4小時。接著可刷上鏡面果膠，並擺上3瓣血橙作為裝飾。脫模。將多餘的巧克力蛋糕以網篩壓成碎屑，沾裹在甜點的底部。

摩嘉多甜點
Entremets Mogador

10人份

難易度 ★★★

準備時間：1小時

烹調時間：35分鐘

覆盆子巧克力蛋糕
- 黑巧克力100克
- 奶油100克
- 蛋黃4個
- 蛋白4個
- 細砂糖40克
- 過篩的麵粉50克
- 急速冷凍的覆盆子100克

覆盆子糖漿
- 水50毫升
- 細砂糖50克
- 覆盆子蒸餾酒2大匙

黑巧克力慕斯
- 黑巧克力75克
  （可可脂含量55%）
- 液狀鮮奶油200毫升
- 蛋黃3個
- 水25毫升
- 細砂糖50克

裝飾
- 覆盆子果醬100克
- 覆盆子125克
- 巧克力刨花100克
  （請參考第209頁）

烤箱預熱165℃（熱度5-6）。在烤盤上鋪一張烤盤紙。將直徑22公分的慕斯圈塗上奶油並擺在烤盤上。

覆盆子巧克力蛋糕的製作：將巧克力隔水加熱至融化。將巧克力從隔水加熱的容器中取出，然後混入奶油，接著是蛋黃。另一方面，將蛋白攪拌至起泡。逐漸加入1/3的糖，並持續將蛋白打發至平滑且光亮。接著小心地倒入其餘的糖，將蛋白打發至硬性發泡。小心地將打發的蛋白分3次混入巧克力的混合物，接著加入過篩的麵粉。將此混合物倒入模型中，擺上覆盆子，於烤箱中烘烤35分鐘。讓蛋糕在模中冷卻。

覆盆子糖漿的製作：在平底深鍋中將水和糖煮沸。待糖漿冷卻後，加入覆盆子蒸餾酒。

黑巧克力慕斯的製作：將巧克力切碎並隔水加熱至融化。將鮮奶油打發至凝固而且不會從攪拌器上滴落的狀態，接著冷藏。將蛋黃攪拌至顏色變淺。在平底深鍋中將水和糖煮沸，接著燉煮2分鐘。小心將這煮好的糖漿倒入攪打過的蛋黃中，持續攪拌至混合物變得濃稠並冷卻為止。用橡皮刮刀一點一點地混入融化的巧克力，接著是打發的鮮奶油。將慕斯倒入裝有圓口擠花嘴的擠花袋中備用。

將覆盆子巧克力蛋糕裝盤，然後脫模。以覆盆子糖漿將蛋糕浸透，接著塗上覆盆子果醬。用擠花袋在上面擠出黑巧克力慕斯小球，並一一靠攏以形成金字塔狀。在慕斯上方散放上一些覆盆子，接著在甜點擺上巧克力刨花後享用。

小麥甜點
Entremets à la semoule

8-10人份

難易度 ★★★

準備時間：30分鐘

浸泡時間：30分鐘

烹調時間：20分鐘

冷藏時間：1個晚上

- 牛奶600毫升
- 香草莢1根
- 粗粒小麥粉（semoule）
  50克
- 切塊的黑巧克力225克
- 蘭姆酒4大匙
- 瑪斯卡邦乳酪
  （mascarpone）225克

裝飾

- 草莓
- 瑪斯卡邦乳酪

前一天晚上，在平底深鍋中將牛奶和已經剖成兩半並以刀尖刮下內容物的香草莢煮沸。熄火後，蓋上蓋子並浸泡30分鐘。

移去香草莢，並再次將牛奶煮沸。接著，在離火後，一點一點地將小麥粉加入牛奶並一邊攪拌。加入糖，將所有材料煮沸，同時不斷地攪和，以文火燉煮20分鐘，經常攪拌以避免小麥粉黏鍋。將平底深鍋熄火，加入塊狀的巧克力，然後攪拌至巧克力融化。接著混入蘭姆酒和瑪斯卡邦乳酪。

將長25公分，高8公分的蛋糕模用冷水沖過。倒入以小麥粉為基底的混合物。蓋上保鮮膜，然後冷藏1個晚上。

當天，將小麥甜點脫模，然後搭配草莓和瑪斯卡邦乳酪享用。

主廚小巧思：您可在小麥粉中加入葡萄乾。

番石榴焦糖巧克力克里奧布丁
Flan créole au chocolat et caramel de goyave

8人份

難易度 ★★★

準備時間：30分鐘

烹調時間：30分鐘

冷藏時間：2小時

番石榴焦糖

- 水100毫升
- 細砂糖200克
- 番石榴果肉160克

巧克力克里奧布丁
（flan créole）

- 黑巧克力120克
- 蛋5顆
- 牛奶400毫升
- 牛奶醬（confiture de lait）150克
- 煉乳100毫升
- 香草精1小匙
- 肉桂粉1撮

烤箱預熱150℃（熱度5）。

番石榴焦糖的製作：在平底深鍋中加熱水和糖，直到糖完全溶解。將火調大，燉煮約10分鐘，直到獲得金黃色的焦糖（烹飪溫度計達165℃），接著倒入番石榴果肉，讓焦糖停止焦化。將所有材料煮沸3分鐘，接著將番石榴焦糖倒入8個小碗的碗底。

巧克力克里奧布丁的製作：將巧克力切成細碎並放入大碗中。在另一個碗中，用攪拌器輕輕地攪拌蛋。在平底深鍋中混合牛奶、牛奶醬和煉乳。以微火燉煮，接著將此混合物倒在切碎的巧克力上，攪拌至獲得均勻的濃稠度。將所有材料倒入蛋裡混合，接著混入香草精和肉桂粉。將此奶油醬以漏斗型網篩過濾，然後倒入鋪滿焦糖的小碗中。

將小碗擺在深盤上以進行隔水加熱，並在盤中加入一半的沸水，於烤箱中烘烤30分鐘，直到布丁凝固。將布丁從隔水加熱的容器中取出，放涼，然後冷藏2小時。

塞維尼風凍佐糖杏仁奶油醬
Fondant Sévigné
crème au pralin

10人份

難易度 ★★★

準備時間：1小時

冷藏時間：4或5小時

塞維尼風凍

（fondant Sévigné）

- 黑巧克力270克
- 室溫回軟的奶油165克
- 蛋黃4個
- 蛋白4個
- 細砂糖60克

糖杏仁英式奶油醬

- 糖杏仁100克
- 蛋黃3個
- 細砂糖70克
- 牛奶250毫升

◇ 製作英式奶油醬的正確手法請參考第206頁

在25×10公分的蛋糕模中鋪上一張烤盤紙。

塞維尼風凍的製作：將巧克力切碎，然後隔水加熱至融化。將巧克力從隔水加熱的容器中取出，加入奶油，接著是蛋黃，然後攪拌。將蛋白攪拌至起泡。逐漸加入1/3的糖，並持續將蛋白打發至光亮平滑。接著小心倒入其餘的糖，將蛋白打發至硬性發泡。用橡皮刮刀小心地將打發的蛋白分3次混入巧克力的混合物中。將所有材料倒入蛋糕模中，冷藏4至5小時。

糖杏仁英式奶油醬的製作：用食物料理機將糖杏仁磨成細粉。在碗中用攪拌器攪拌蛋黃和糖，直到混合物泛白並變得濃稠。在平底深鍋中將牛奶煮沸，接著將1/3倒入蛋黃和糖的混合物中，並快速攪動。將所有材料再次倒入平底深鍋中，以文火燉煮並不斷以木杓攪拌，直到奶油醬變稠並附著於杓背（注意別把奶油醬煮沸）。將這奶油醬以漏斗型網篩過濾，接著加入糖杏仁。放涼，再將奶油醬冷藏。

將模型泡以極燙的熱水後，將風凍在餐盤上脫模。搭配一旁的糖杏仁英式奶油醬享用。

主廚小巧思：您可使用小的模型來取代蛋糕模，以製作個別的塞維尼風凍。您亦能自行製作糖杏仁膏（請參考第314頁）。

巧克力鍋
Fondue au chocolat

4人份

難易度 ★★★

準備時間：20分鐘

· 液狀鮮奶油300毫升
· 牛奶50毫升
· 香草莢1根
· 切成細碎的黑巧克力
  500克
· 香蕉1根
· 奇異果1個
· 新鮮或罐裝鳳梨3至4片
· 草莓250克

將鮮奶油和牛奶放入小型的平底深鍋中。加入已經剖成兩半並以刀尖刮下內容物的香草莢。緩慢地煮沸。在牛奶開始沸騰時，熄火，取出香草莢，加入切碎的巧克力並攪拌。擺在一個裝有極燙熱水的平底深鍋上以保持熱度。

將水果切成大片或大塊，但讓草莓保持完整。

製作個人的水果串，並以裝有融化巧克力的個別小碗享用，或是在餐桌中央擺上裝有融化巧克力的大碗和大型的水果盤，讓個別賓客製作自己的水果串。

主廚小巧思：依季節來變換水果的選擇。

刺蝟蛋糕
Le hérisson

8人份

難易度 ★★★

準備時間：1小時

烹調時間：20分鐘

巧克力指形蛋糕
- 蛋黃3個
- 細砂糖75克
- 蛋白3個
- 過篩的麵粉70克
- 過篩的無糖可可粉15克

糖漿
- 水50毫升
- 細砂糖50克

巧克力鮮奶油（crème fouettée au chocolat）
- 黑巧克力125克
- 液狀鮮奶油300毫升

裝飾
- 杏仁片50克
- 無糖可可粉

烤箱預熱165℃（熱度5-6）。在2個烤盤上鋪一張烤盤紙。在上面描繪出一個16公分的圓，然後是14公分的圓，最後是12公分的圓。

巧克力指形蛋糕的製作：在碗中攪拌蛋黃和一半的糖，直到混合物泛白並形成濃稠的泡沫狀。另一方面，將蛋白與另一半的糖打發至硬性發泡，接著小心地混入蛋黃和糖的混合物。輕巧地將過篩的麵粉和可可粉加入上述混合物中。將麵糊倒入裝有圓口擠花嘴的擠花袋中，然後在預先畫好的圓中製作圓形麵糊，從中央開始擠出螺旋狀圓形。於烤箱中烘烤15分鐘，接著靜置備用。

糖漿的製作：在平底深鍋中將水、糖煮沸。放涼。

巧克力鮮奶油的製作：將巧克力切碎，然後隔水加熱至融化。將鮮奶油打發至不會從攪拌器上滴落的狀態，接著倒入巧克力中，持續快速攪拌至混合物均勻。將奶油倒入裝有圓口擠花嘴的擠花袋中備用。

讓烤箱維持在同樣的溫度。在覆有烤盤紙的烤盤上撒上杏仁片，於烤箱中烘烤5分鐘，讓杏仁片略略烤成金黃色。

將最大的巧克力指形蛋糕體擺盤，然後刷上糖漿。用擠花袋在蛋糕上擠出滿滿而緊密的巧克力鮮奶油小球。接著擺上直徑中等的蛋糕體，然後重複同樣的步驟。將最小的蛋糕體擺上去，再度重複同樣的步驟。為了形成金字塔狀，在四周放上密密麻麻的巧克力鮮奶油小球以完成刺蝟蛋糕。撒上所有的可可粉，接著插上杏仁片。

女爵巧克力蛋糕
Marquise au chocolat

12人份

難易度 ★★★

準備時間：1小時

冷凍時間：30分鐘

冷藏時間：1小時20分鐘

岩狀基底（fond de rocher）
· 黑巧克力150克
· 糖杏仁200克
· 法式薄脆片（crêpes dentelles en morceaux）120克

巧克力慕斯
· 黑巧克力275克
· 液狀鮮奶油550毫升

黑巧克力鏡面
· 黑巧克力150克
· 液狀鮮奶油150毫升
· 淡味的蜂蜜75克
· 奶油20克

◇ 為蛋糕淋上鏡面的正確手法請參考第15頁

岩狀基底的製作：將巧克力切成細碎，然後隔水加熱至融化。加入糖杏仁，並以橡皮刮刀混合，接著加入法式薄脆片。在烤盤紙上描繪出2個直徑20公分的圓，然後在每一個圓上鋪上厚度0.5公分的麵糊。將兩塊圓形基底冷凍30分鐘。

巧克力慕斯的製作：將巧克力切碎，然後隔水加熱至融化。將鮮奶油打發至凝固而且不會從攪拌器上滴落的狀態。淋在巧克力上，並持續快速攪拌至混合物均勻。將慕斯倒入裝有圓口擠花嘴的擠花袋中備用。

將直徑22公分的慕斯圈放在盤上。擺上一塊圓形的岩狀基底，用擠花袋在上面擠出一層厚度1公分的巧克力慕斯。擺上另一塊圓形岩狀基底並輕輕按壓，接著鋪上慕斯直達模型的高度，以抹刀整平表面。將蛋糕冷藏1小時。

黑巧克力鏡面的製作：將巧克力切成細碎並放入碗中。在平底深鍋中將鮮奶油和蜂蜜煮沸，接著淋在巧克力上，均勻混合。混入奶油並以室溫保存。

將蛋糕從冰箱中取出。用浸泡過熱水的毛巾將模型邊緣回溫後脫模。再次將蛋糕冷藏10分鐘。在碗上擺上網架，放上蛋糕，接著淋上黑巧克力鏡面。在蛋糕完全蓋上鏡面時，用軟抹刀將鏡面磨平。巧克力一停止流動，就把蛋糕擺到托盤上，冷藏約10分鐘，讓巧克力凝固。每人用餐盤享用一份蛋糕。

主廚小巧思：可以用榛果巧克力麵包醬（pâte à tartiner au chocolat et aux noisettes）來取代糖杏仁。

巧克力蛋白霜餅乾
Meringue chocolatée

10人份

難易度 ★★★

準備時間：30分鐘

烹調時間：1小時

靜置時間：1小時

巧克力蛋白霜

- 蛋白4個
- 細砂糖120克
- 過篩的糖粉100克
- 過篩的無糖可可粉20克

巧克力鮮奶油香醍

- 切成細碎的黑巧克力
  100克（可可脂含量66%）
- 液狀鮮奶油200毫升
- 糖粉20克

裝飾

- 覆盆子200克
- 糖粉

烤箱預熱100℃（熱度3-4）。在烤盤上鋪一張烤盤紙。

巧克力蛋白霜的製作：將蛋白攪拌至平滑，然後逐漸加入糖，並持續將蛋白打發至硬性發泡的泡沫狀。小心地混入過篩的糖粉和可可粉。用此巧克力蛋白霜填入裝有星形擠花嘴的擠花袋。在烤盤上製作10個直徑8公分的圓形蛋糕體，從中央開始擠出螺旋狀的圓，然後再從圓的周圍回來，以形成巢狀的壁。烘烤1小時，直到蛋白霜變得酥脆。接著在網架上放涼，在室溫下靜置1小時。

巧克力鮮奶油香醍的製作：將黑巧克力碎片隔水加熱至融化，預留備用。將鮮奶油打發，讓鮮奶油變輕。加入糖粉並再度打發至獲得更凝固的質地。接著將融化的黑巧克力混入鮮奶油香醍中，並快速打發。

將一些巧克力鮮奶油香醍鋪在各個蛋白霜巢的底部。擺上覆盆子篩上糖粉作為裝飾。

主廚小巧思：您亦能提前數星期製作您的蛋白霜餅乾，然後保存在乾燥的場所。

巧克力慕斯
Mousse au chocolat

8人份

難易度 ★★★

準備時間：30分鐘

冷藏時間：至少3小時

- 黑巧克力125克
  （可可脂含量55%）
- 奶油50克
- 液狀鮮奶油150毫升
- 蛋黃2個
- 蛋白3個
- 細砂糖45克

將巧克力切碎，和奶油一起隔水加熱至融化，然後放涼。

在大碗中將鮮奶油打發至不會從攪拌器上滴落的狀態。混入蛋黃後冷藏。

將蛋白打發至起泡。逐漸加入1/3的糖，並持續將蛋白打發至光亮平滑。接著小心地倒入其餘的糖，然後將蛋白打發至硬性發泡。

小心地將打成泡沫狀的蛋白分3次混入打發的鮮奶油和蛋黃的混合物中。加入融化的巧克力並快速打發。將巧克力慕斯至少冷藏3小時後享用。

主廚小巧思：為了獲得較清淡的慕斯，可在開始烹調前再從冰箱中將蛋取出。

白巧克力慕斯
Mousse au chocolat blanc

10人份

難易度 ★★★

準備時間：20分鐘

冷藏時間：至少3小時

慕斯

· 白巧克力300克
· 液狀鮮奶油600毫升

裝飾

· 黑巧克力刨花150克
  （請參考第209頁）

慕斯的製作：將白巧克力切成細碎，然後隔水加熱至融化。將鮮奶油打發至凝固，而且不會從攪拌器上滴落的狀態。將100毫升打發的鮮奶油放入碗中，然後將其餘的冷藏。將融化的巧克力倒在這100毫升打發的鮮奶油中，以攪拌器快速攪和，接著小心地以橡皮刮刀混入其餘打發的鮮奶油。將這白巧克力慕斯分配至10個高腳杯中，填至一半的高度，然後冷藏3小時。

在享用前30分鐘將慕斯取出，以免慕斯過於冰涼，然後擺上黑巧克力刨花。

主廚小巧思：為了更輕易打發鮮奶油，請預先將您要用來打發的碗冷藏15分鐘。

大吉嶺巧克力慕斯佐哥倫比亞咖啡奶油
Mousse au chocolat à l'infusion de Darjeeling, crème au café de Colombie

4人份

難易度 ★★★

準備時間：50分鐘

冷藏時間：至少3小時

大吉嶺巧克力慕斯

- 水50毫升
- 大吉嶺茶1包
- 黑巧克力200克
- 奶油25克
- 細砂糖75克
- 磨碎且烘烤過的榛果60克（隨個人喜好添加）
- 蛋黃3個
- 蛋白3個

哥倫比亞咖啡英式奶油醬

- 蛋黃3個
- 細砂糖70克
- 牛奶250毫升
- 哥倫比亞即溶咖啡1小匙（5克）

鮮奶油香醍

- 液狀鮮奶油200毫升
- 香草精1至2滴
- 糖粉20克

裝飾

- 新鮮薄荷

大吉嶺巧克力慕斯的製作：在平底深鍋中將水和茶煮沸。離火後浸泡10分鐘，接著移去浸泡的茶包。將巧克力切碎，然後和奶油及一半的糖一起隔水加熱至融化，不要攪拌。可選擇性地加入榛果，接著倒入大吉嶺茶。將麵糊從隔水加熱的容器中取出，混入蛋黃後放至微溫。另一方面，將蛋白和其餘的糖打發至硬性發泡。用橡皮刮刀小心地將蛋白分3次混入巧克力的混合物中。將慕斯分裝至4個小碗，冷藏至少3小時。

哥倫比亞咖啡英式奶油醬的製作：在碗中用攪拌器攪拌蛋黃和糖，直到混合物泛白並變得濃稠。在平底深鍋中將牛奶和咖啡煮沸，接著將其中的1/3倒入蛋黃和糖的混合物中，並快速攪拌。將所有材料再倒入平底深鍋中，以文火燉煮，並不斷以木杓攪和，直到奶油醬變稠並附著於杓背（注意別把奶油醬煮沸）。在碗上以漏斗型網篩過濾。放涼後加以冷藏。

鮮奶油香醍的製作：將鮮奶油和香草精打發至略為濃稠。加入糖粉，攪拌至鮮奶油凝固，而且不會從攪拌器上滴落的狀態。將鮮奶油香醍倒入裝有圓口擠花嘴的擠花袋中。

用鮮奶油香醍來裝飾巧克力慕斯的表面，接著放上一片薄荷。搭配一旁用小碗裝的哥倫比亞咖啡奶油享用。

威士忌榛果巧克力慕斯
Mousse au chocolat, aux noisettes et au whisky

8-10人份

難易度 ★★★

準備時間：30分鐘

烹調時間：10分鐘

冷藏時間：至少3小時

- 去皮的榛果碎片200克
- 黑巧克力450克
  （可可脂含量55%）
- 奶油30克
- 細砂糖200克
- 蛋黃6個
- 威士忌85毫升
- 蛋白6個

裝飾

- 巧克力刨花（請參考
  第209頁）

烤箱預熱180℃（熱度6）。

在覆有烤盤紙的烤盤上撒上榛果，於烤箱中烘烤10分鐘，讓榛果烘烤上色並增添香味。

將巧克力切碎，與奶油和一半的糖一起隔水加熱至融化，不要攪拌。將上述材料從隔水加熱的容器中取出，混入蛋黃，接著是60克的榛果和威士忌。

將蛋白打發至微微起泡。逐漸加入剩餘1/3的糖，並持續將蛋白打發至平滑且發亮。接著小心倒入其餘的糖，將蛋白打發至硬性發泡。用橡皮刮刀小心地將蛋白分3次混入巧克力的混合物中。

將這慕斯分裝至8至10個點心杯中，冷藏至少3小時，直到慕斯凝固。在享用慕斯前，用剩餘烤過的榛果和巧克力刨花加以裝飾。

杏仁巧克力慕斯
Mousse au chocolat praliné

10人份

難易度 ★★★

準備時間：1小時

冷藏時間：至少3小時

糖杏仁榛果膏

- 水30毫升
- 細砂糖150克
- 去皮杏仁75克
- 去皮榛果75克

黑巧克力慕斯

- 黑巧克力300克
  （可可脂含量55%）
- 液狀鮮奶油350毫升
- 蛋黃6個
- 蛋白6個
- 細砂糖80克

◇ 製作糖杏仁膏的正確手法
請參考第314頁

糖杏仁榛果膏的製作：在平底深鍋中將水和糖煮沸。加入去皮的杏仁和榛果，以木杓混合。熄火後持續攪拌，直到杏仁和榛果被覆以白色的粉末。將鍋子重新置於爐火，將糖煮至融化並焦化。將焦糖杏仁和榛果鋪在一張烤盤紙上放涼。接著將糖杏仁及糖榛果打成碎片並在食物料理機中打碎，直到獲得很細的粉末，並變成軟膏為止（為達此結果，請不時停下料理機，用橡皮刮刀混合粉末）。將糖杏仁榛果膏倒入碗中備用。

黑巧克力慕斯的製作：將巧克力切碎，隔水加熱至融化。放至微溫。將鮮奶油打發至凝固，而且不會從攪拌器上滴落的狀態，接著混入蛋黃並冷藏。另外，將蛋白打發至微微起泡。逐漸加入1/3的糖，同時持續將蛋白打發至光亮平滑。輕輕地將其餘的糖倒入，然後將蛋白打發至硬性發泡。用軟刮刀分3次將蛋白加入已打發的鮮奶油和蛋黃的混合物。加進融化的巧克力並迅速打發。

以橡皮刮刀將糖杏仁榛果膏混入巧克力慕斯。然後冷藏，靜置至少3小時後食用。

糖漬橙皮巧克力慕斯
Mousse au chocolat aux zestes d'orange confits

6人份

難易度 ★★★

準備時間：45分鐘

烹調時間：15分鐘

冷藏時間：至少3小時

糖漬橙皮

- 柳橙皮2顆
- 水100毫升
- 細砂糖100克

巧克力慕斯

- 黑巧克力150克
- 液狀鮮奶油200毫升
- 蛋黃3個
- 蛋白3個
- 細砂糖50克

糖漬橙皮的製作：將柳橙皮切成細條狀。在平底深鍋中將水和糖煮沸，加入橙皮，以文火糖漬15分鐘。瀝乾後備用。

巧克力慕斯的製作：將巧克力切碎，隔水加熱至融化，然後放至微溫。將鮮奶油打發至凝固而且不會從攪拌器上滴落的狀態。混入蛋黃，接著將所有材料冷藏。另一方面，將蛋白打發至起泡。逐漸加入1/3的糖，並持續將蛋白打發至光亮平滑。接著小心地倒入其餘的糖，然後將蛋白打發至硬性發泡。將蛋白逐漸混入打發的鮮奶油和蛋黃的混合物中。接著加入融化的巧克力並快速打發。

保留一些糖漬橙皮作為裝飾，然後將其餘的橙皮混入巧克力慕斯中。讓慕斯於冰箱中冷藏至少3小時。享用前以預留的橙皮裝飾巧克力慕斯。

巧克力蒸烤蛋
Œufs en cocotte au chocolat

12 顆蛋

難易度 ★★★

準備時間：1小時 + 1個晚上

烹調時間：8分鐘

冷藏時間：30分鐘

· 蛋12顆

黑巧克力風凍

· 黑巧克力115克

· 奶油100克

· 細砂糖115克

· 櫻桃酒25毫升

牛奶醬汁（crème au lait）

· 吉力丁2片

· 牛奶75毫升

· 液狀鮮奶油170毫升

· 細砂糖25克

· 香草莢1/2根

前一天晚上，將12顆蛋頂端的殼挖去，並將內容物挖空。保留2顆完整的蛋和1個蛋黃作為本配方的材料。將其餘的蛋擺在一旁，作為其他配方的材料。將12個蛋殼沖洗和晾乾，並保留蛋盒。

當天，烤箱預熱170℃（熱度5-6）。

黑巧克力風凍的製作：將巧克力切碎，和奶油一起隔水加熱至融化。用攪拌器混合2顆全蛋、蛋黃、糖和櫻桃酒。將上述材料混入融化的巧克力中。將空蛋殼擺在蛋盒裡以維持直立。將黑巧克力風凍填至蛋的3/4滿，然後連同蛋盒放入烤箱中烘烤8分鐘。放涼。

牛奶醬汁的製作：將吉力丁泡在一些冷水中，讓吉力丁軟化。在平底深鍋中將牛奶、鮮奶油、糖和半根已經用刀尖刮下內容物的香草莢煮沸。熄火後讓材料浸泡10分鐘，接著將混合物在碗上以漏斗型網篩過濾。按壓吉力丁，盡可能擠出所有的水分，然後混入混合物中拌勻。將所有材料冷藏30分鐘。

以冷卻的牛奶醬汁將蛋殼最後的1/4填滿。在蛋杯中享用這些蒸烤蛋。

主廚小巧思：在冷水中將這些蛋殼仔細清洗乾淨。而且當您要用烤箱烘烤這些蛋時，請留意要事先將蛋盒泡在水中，以免蛋盒過熱裂開。

巧克力麵包醬
Pâte à tartiner au chocolat

8人份

難易度 ★★★

準備時間：40分鐘

- 黑巧克力80克
- 淡味的蜂蜜20克
- 液狀鮮奶油160毫升

榛果糖杏仁膏

- 水60毫升
- 細砂糖200克
- 去皮榛果150克
- 去皮杏仁50克
- 榛果油30毫升

◇ 製作糖杏仁膏的正確手法請參考第314頁

將黑巧克力切成細碎，和蜂蜜一起放入大碗中。將鮮奶油煮沸，接著淋在巧克力上，均勻混合。預留備用。

榛果糖杏仁膏的製作：在平底深鍋中將水和糖煮沸。加入去皮的榛果和杏仁。以木杓攪拌。接著熄火，持續攪拌至杏仁和榛果覆蓋上一層白色粉末。用平底深鍋再度加熱，讓糖溶化並焦化。將焦糖杏仁和榛果鋪在烤盤紙上，放涼。接著將糖杏仁及糖榛果敲成碎片並在食物料理機中打碎，直到獲得很細的粉末，並變成軟膏為止（為達此結果，請不時停下料理機，以便用橡皮刮刀混合粉末）。將榛果糖杏仁膏倒入碗中備用。

在巧克力的配料中加入一些榛果糖杏仁膏。以橡皮刮刀混合，接著混入其餘的榛果糖杏仁膏。倒入榛果油，用橡皮刮刀從碗的中央朝邊緣攪拌，以便使麵包醬變得相當平滑。用電動攪拌器攪拌，然後以玻璃容器在室溫下保存。

主廚小巧思：您可用牛奶巧克力來取代黑巧克力，或是用核桃油來取代榛果油。此麵包醬在室溫下可保存2至3星期。

巧克力布丁小盅
Petits pots au chocolat

6人份

難易度 ★★★

準備時間：15分鐘

烹調時間：30分鐘

- 黑巧克力80克
- 牛奶500毫升
- 液狀鮮奶油200毫升
- 香草莢1/2根
- 蛋2顆
- 蛋黃4個
- 細砂糖130克

烤箱預熱170℃（熱度5-6）。

將巧克力切碎。在平底深鍋中將牛奶和鮮奶油、切碎的巧克力，以及半根已經用刀尖刮下內容物的香草莢煮沸。熄火。在一旁用攪拌器攪拌蛋、蛋黃和糖，直到混合物泛白並變得濃稠。混入巧克力的混合料中，接著將所有材料在碗上以漏斗型網篩過濾。用大湯匙將表面形成的泡沫撈起。

將混合物分裝至6個100毫升的舒芙蕾模中，並填至與邊緣齊平。將舒芙蕾模擺在盤上，以進行隔水加熱，並倒入夠熱的沸水至模型的一半高度。於烤箱中烘烤30分鐘，直到表面摸起來柔軟，而且不會沾黏（若狀況並非如此，就將烘烤時間稍微拉長）。將舒芙蕾模從隔水加熱的容器中取出，放涼。待完全冷卻後享用這些巧克力布丁小盅。

主廚小巧思：這些巧克力布丁小盅冷藏可保存2至3天。請以鮮奶油香醍進行裝飾，並撒上巧克力粉。

DÉLICES DE MOUSSE, DÉLICES DE CRÈME **187**

奶油布丁小盅
Petits pots de crème

12個舒芙蕾模

難易度 ★★★

準備時間：10分鐘

烹調時間：20-25分鐘

- 即溶咖啡1小匙（5克）
- 無糖可可粉2大匙
- 牛奶750毫升
- 細砂糖150克
- 香草莢1根
- 蛋3顆
- 蛋黃2個

烤箱預熱170℃（熱度5-6）。準備3個不同的大碗：一個放入即溶咖啡，一個放入可可粉，然後保留一個空碗。

將牛奶和一半的糖，以及已經剖成兩半並用刀尖刮下內容物的香草莢煮沸，然後熄火。

攪拌蛋、蛋黃和剩餘的糖，接著加入熱牛奶並持續攪拌。將此混合物以漏斗型網篩過濾，然後將材料平均放入3個大碗中（一碗約350克）。攪拌裝有咖啡和可可粉的混合物，均勻調和不同的口味。

將4個舒芙蕾模（直徑7公分，高度3公分）填滿咖啡奶油，4個填入巧克力的混合物，最後4個填入香草口味的奶油。用大湯匙將表面形成的氣泡和泡沫撈起。將舒芙蕾模擺在深盤上，以進行隔水加熱，並倒入夠熱的沸水至模型的一半高度。於烤箱中烘烤20至25分鐘，或直到將刀尖插入奶油布丁小盅的中心，拔出時刀身不會沾附奶油為止。將小盅放涼後冷藏。待完全冷卻後享用這些奶油布丁小盅。

主廚小巧思：在隔水加熱的容器底部放上一張吸水紙以阻擋水分，如此可避免將水煮沸並在奶油中形成氣泡。

巧克力女皇米糕佐百香果冰沙
Riz à l'impératrice au chocolat et granité Passion

10人份

難易度 ★★★

準備時間：1小時30分鐘

烹調時間：約30分鐘

冷藏時間：3小時20分鐘

米布丁（riz au lait）

· 牛奶250毫升
· 液狀鮮奶油40毫升
· 圓米75克
· 百香果汁150毫升
· 細砂糖15克

黑巧克力奶油醬

· 黑巧克力150克
· 吉力丁2片
· 蛋黃2個
· 細砂糖50克
· 牛奶125毫升
· 液狀鮮奶油395毫升
· 香草莢1根

百香果冰沙

· 水150毫升
· 細砂糖40克
· 百香果汁150毫升

覆盆子凍

（crémeux aux framboises）

· 覆盆子醬150毫升
· 吉力丁2片

裝飾

· 新鮮覆盆子

米布丁的製作：在平底深鍋中加熱牛奶和鮮奶油。在另一個平底深鍋中，將水煮沸，倒入大量的米，然後燉煮2分鐘。瀝乾後倒入滾燙的牛奶和鮮奶油的混合物中。加入百香果汁，以文火燉煮約20分鐘。加入糖，然後繼續燉煮5分鐘，接著放涼。

黑巧克力奶油醬的製作：將巧克力切碎。將吉力丁泡在冷水中。用攪拌器攪拌蛋黃和一半的糖，直到混合物泛白並變得濃稠。在平底深鍋中將牛奶、20毫升的鮮奶油，以及已經剖成兩半並以刀尖刮下內容物的香草莢煮沸。將上述材料的1/3倒入蛋黃和糖的混合物中並快速攪拌。再度將所有材料倒入平底深鍋中，以文火燉煮，並不斷以木杓攪拌，直到奶油醬變稠並附著於杓背（注意別把奶油醬煮沸）。按壓吉力丁，盡可能擠出所有的水分，然後混入奶油醬中。將所有材料淋在切碎的巧克力上。在碗上以漏斗型網篩過濾，然後裝進裝滿冰的容器中冷卻，並不時攪動。將剩餘的鮮奶油打發。混合米布丁和黑巧克力奶油醬，接著混入打發的鮮奶油。倒入直徑20公分的夏露蕾特（charlotte）模中。冷藏3小時。

百香果冰沙的製作：混合水、糖和百香果汁，直到糖完全溶解。倒入一個大盤子裡約1公分的厚度，然後冷凍。不時用叉子將形成的結晶壓碎，當冰沙凝固時，分裝至10個玻璃杯中。

覆盆子凍的製作：將1/4的覆盆子醬加熱。離火後，加入預先浸泡冷水至軟化的吉力丁。將所有材料倒入剩餘的覆盆子醬中，然後冷藏20分鐘。接著為女皇米糕脫模。攪拌覆盆子凍，然後放在上面。用覆盆子進行裝飾，每人享用一杯百香果冰沙。

巧克力舒芙蕾
Soufflé au chocolat

8人份

難易度 ★★★

準備時間：30分鐘

烹調時間：45分鐘

巧克力卡士達奶油醬

· 黑巧克力115克

· 牛奶500毫升

· 香草莢1根

· 蛋黃4個

· 細砂糖80克

· 麵粉60克

· 蛋白6個

· 細砂糖30克

裝飾

· 無糖可可粉

◇ 製備舒芙蕾模的正確手法
請參考第135頁

巧克力卡士達奶油醬的製作：將巧克力切成細碎，隔水加熱至融化。在平底深鍋中將牛奶和已經剖成兩半並以刀尖刮下內容物的香草莢煮沸。離火。在碗中用攪拌器攪拌蛋黃和糖，直到混合物泛白並變得濃稠，接著混入麵粉。將香草莢從牛奶中取出，然後將一半的熱香草牛奶倒入蛋黃、糖和麵粉的混合物中，攪拌均勻。混入其餘的牛奶，接著再將所有材料倒回平底深鍋中。以文火燉煮，並不斷以木杓攪拌，直到奶油醬變得濃稠。將這卡士達奶油醬倒入巧克力中，均勻混合。在奶油醬的表面覆蓋上保鮮膜，預留備用。

烤箱預熱180°C（熱度6）。將直徑23公分的舒芙蕾模塗上奶油並撒上糖粉。

將蛋白打發至起泡。逐漸加入1/3的糖，持續將蛋白打發至平滑光亮。接著小心地倒入其餘的糖，將蛋白打發至硬性發泡。

用橡皮刮刀小心地將打成泡沫狀的蛋白分3次混入巧克力卡士達奶油醬中。將這混合物倒入舒芙蕾模中，填滿至與邊緣齊平，然後用抹刀將表面整平。戴上您的塑膠手套，用拇指劃過模型內壁的上方，在麵糊與模型間清出5公釐的空間（這讓舒芙蕾可以更輕易地升起）。於烤箱中烘烤約45分鐘，直到舒芙蕾均勻膨脹。出爐時，為舒芙蕾撒上可可粉並立即享用。

苦甜巧克力熱舒芙蕾
Soufflés chauds au chocolat amer

6人份

難易度 ★★★

準備時間：30分鐘

烹調時間：15分鐘

舒芙蕾基底

- 苦甜巧克力30克
  （可可脂含量55至70%）
- 無糖可可粉30克
- 水120毫升
- 蛋黃1個
- 玉米粉20克

- 蛋白6個
- 細砂糖90克

裝飾

- 糖粉

◇ 製備舒芙蕾模的正確手法
請參考第135頁

烤箱預熱180℃（熱度6）。將6個直徑8公分的舒芙蕾模塗上奶油並撒上糖粉。

舒芙蕾基底的製作：將巧克力切成細碎並放入碗中。在平底深鍋中將可可粉與水摻和，接著煮沸。將所有材料倒入巧克力中，均勻混合。放至微溫，接著混入蛋黃和玉米粉。

將蛋白打發至起泡。逐漸加入1/3的糖，持續將蛋白打發至平滑光亮。接著小心地倒入其餘的糖，將蛋白打發至硬性發泡。

用橡皮刮刀小心地將打成泡沫狀的蛋白分3次混入舒芙蕾基底中。將這混合物分裝至6個直徑8公分的舒芙蕾模中，填滿至與邊緣齊平，然後用抹刀將表面整平。戴上您的塑膠手套，用拇指劃過模型內壁的上方，在麵糊與模型間清出5公釐的空間（這讓舒芙蕾可以更輕易地升起）。於烤箱中烘烤約15分鐘，直到舒芙蕾均勻膨脹。出爐時，為熱舒芙蕾撒上糖粉並立即享用。

咖啡巧克力熱舒芙蕾
Soufflés chauds au chocolat et au café

6人份

難易度 ★★★

準備時間：1小時

冷凍時間：2小時

烹調時間：15分鐘

咖啡甘那許片
（**palet de ganache au café**）

· 黑巧克力75克
· 液狀鮮奶油75毫升
· 即溶咖啡1/2小匙（2克）

舒芙蕾基底

· 黑巧克力60克
· 無糖可可粉60克
· 水240毫升
· 蛋黃2個

· 蛋白4個
· 細砂糖50克

◇ 製備舒芙蕾模的正確手法
請參考第135頁

咖啡甘那許片的製作：為烤盤鋪上烤盤紙。將巧克力約略切碎並放入碗中。在平底深鍋中將鮮奶油和咖啡煮沸，接著倒入巧克力中並均勻混合。用小湯匙，將這些甘那許在盤上做出24個小圓，接著冷凍2小時。

烤箱預熱180℃（熱度6）。將6個直徑8公分的舒芙蕾模塗上奶油並撒上糖粉。

舒芙蕾基底的製作：將巧克力切成細碎並放入碗中。在平底深鍋中將可可粉與水摻和，接著煮沸。將所有材料倒入巧克力中，均勻混合。放涼，接著混入蛋黃。

將蛋白打發至起泡。逐漸加入1/3的糖，持續將蛋白打發至平滑光亮。接著小心地倒入其餘的糖，將蛋白打發至硬性發泡。

用橡皮刮刀小心地將打成泡沫狀的蛋白分3次混入舒芙蕾基底中。將這混合物分裝至6個直徑8公分的舒芙蕾模中，填滿至一半的高度。將4個咖啡甘那許片放入舒芙蕾模中，接著倒入其餘的混合物至與邊緣齊平處。以軟抹刀將表面整平。戴上您的塑膠手套，用拇指劃過模型內壁的上方，在麵糊與模型間清出5公釐的空間（這讓舒芙蕾可以更輕易地升起）。於烤箱中烘烤約15分鐘，直到舒芙蕾均勻膨脹。出爐時，為熱舒芙蕾撒上糖粉並立即享用。

白巧克力舒芙蕾
Soufflés au chocolat blanc

12人份

難易度 ★★★

準備時間：30分鐘

烹調時間：20分鐘

白巧克力卡士達奶油醬
· 白巧克力125克
· 牛奶300毫升
· 蛋黃4個
· 細砂糖80克
· 麵粉20克

· 蛋白10個
· 細砂糖80克

裝飾
· 糖粉

◇ 製備舒芙蕾模的正確手法
請參考第135頁

烤箱預熱180℃（熱度6）。將12個直徑8公分的舒芙蕾模塗上奶油並撒上糖粉。

白巧克力卡士達奶油醬的製作：將巧克力切碎並放入碗中。在平底深鍋中將牛奶煮沸，然後離火。用攪拌器攪拌蛋黃和糖，直到混合物泛白並變得濃稠。混入麵粉。將一半的熱牛奶倒入蛋黃、糖和麵粉的混合物中，攪拌均勻。混入其餘的牛奶，接著再將所有材料倒回平底深鍋中。以文火燉煮，並不斷以木杓攪拌，直到奶油醬變得濃稠。讓奶油醬沸騰1分鐘並持續攪動。接著將平底深鍋離火，將奶油醬倒入巧克力中並均勻混合。在奶油醬的表面覆蓋上保鮮膜，預留備用。

將蛋白打發至起泡。逐漸加入1/3的糖，持續將蛋白打發至平滑光亮。接著小心地倒入其餘的糖，將蛋白打發至硬性發泡。

用橡皮刮刀小心地將打成泡沫狀的蛋白分3次混入卡士達奶油醬中。將麵糊分裝至12個舒芙蕾模中並填滿至與邊緣齊平，然後用抹刀將表面整平。戴上您的塑膠手套，用拇指劃過模型內壁的上方，在麵糊與模型間清出5公釐的空間（這讓舒芙蕾可以更輕易地升起）。於烤箱中烘烤約20分鐘，直到舒芙蕾均勻膨脹。接著撒上糖粉並立即享用。

巧克力饗宴
Le tout chocolat

6人份

難易度 ★★★

準備時間：45分鐘

烹調時間：15分鐘

巧克力雪酪

- 黑巧克力200克
- 水250毫升
- 牛奶250毫升
- 細砂糖170克
- 無糖可可粉25克

巧克力岩漿舒芙蕾

（soufflés moelleux au
chocolat）

- 黑巧克力100克
- 奶油60克
- 蛋黃4個
- 蛋白4個
- 細砂糖50克

裝飾

- 糖粉

巧克力雪酪的製作：將巧克力切成細碎並放入碗中。將水、牛奶、糖和可可粉煮沸。將所有材料倒入巧克力中並均勻混合。將此混合物以漏斗型網篩過濾，放涼，接著放入雪酪機中攪拌。雪酪一旦成形，便冷凍備用。

烤箱預熱180°C（熱度6）。將6個直徑8公分的舒芙蕾模塗上奶油並撒上糖粉。

巧克力岩漿舒芙蕾的製作：將巧克力切成細碎，和奶油一起隔水加熱至融化。將上述混合物從隔水加熱的容器中取出後，混入蛋黃。將蛋白打發至起泡。逐漸加入1/3的糖，持續將蛋白打發至平滑光亮。接著小心地倒入其餘的糖，將蛋白打發至硬性發泡。用橡皮刮刀小心地將打成泡沫狀的蛋白分3次混入巧克力的麵糊中。將這混合物分裝至舒芙蕾模中，並填滿至與邊緣齊平，然後用抹刀將表面整平。戴上您的塑膠手套，用拇指劃過模型內壁的上方，在麵糊與模型間清出5公釐的空間（這讓舒芙蕾可以更輕易地升起）。於烤箱中烘烤約15分鐘，直到舒芙蕾均勻膨脹。

出爐時，為巧克力岩漿舒芙蕾撒上糖粉，無需等待，便可搭配梭形巧克力雪酪享用。

加勒比巧克力風凍片佐杏桃醬和開心果碎片
Tranche fondante de chocolat Caraïbes, coulis d'abricot et éclats de pistaches

10人份

難易度 ★★★

準備時間：1小時

烹調時間：15分鐘

冷藏時間：1個晚上＋30分鐘

加勒比巧克力風凍

- 室溫回軟的奶油150克
- 加勒比巧克力75克
- 無糖可可粉90克
- 蛋黃4個
- 細砂糖125克
- 咖啡精1大匙
- 液狀鮮奶油300毫升

杏桃醬（coulis d'abricot）

- 新鮮杏桃500克
- 細砂糖90克
- 檸檬汁1/2顆
- 水400毫升

裝飾

- 磨碎的開心果

前一天晚上，加勒比巧克力風凍的製作：在碗中用橡皮刮刀將室溫回軟的奶油攪拌至濃稠的膏狀。將巧克力切碎並隔水加熱至融化。離火後，加入奶油和可可粉，打發至獲得相當平滑的混合物。另外，用攪拌器攪拌蛋黃和糖，直到混合物泛白並變得濃稠，接著加入咖啡精。用橡皮刮刀小心地混入巧克力、可可粉和奶油的混合物中。在碗中將鮮奶油打發至凝固而且不會從攪拌器上滴落的狀態。小心地混入1/3的巧克力混合物，接著加入其餘的混合物，混合均勻。將所有材料倒入25×10公分的瓷模中。用軟抹刀將表面磨平，接著蓋上保鮮膜。將瓷罐冷藏1個晚上後脫模。

當天，杏桃醬的製作：清洗杏桃並擦乾。將杏桃剖開，移去果核，然後將果肉切成小塊。將杏桃塊放入平底深鍋中，撒上糖並淋上檸檬汁。加水，然後將所有材料煮沸。將火調小，燉煮約15分鐘，直到杏桃塊軟化。將所有材料放入食物料理機中攪拌，直到打成醬汁為止。若醬汁太酸，可選擇性地加入一些糖，然後冷藏30分鐘。

將瓷模泡過熱水後，將風凍脫模。用預先浸泡過熱水的刀子切片。將每個盤子上擺上1至2片，在旁邊淋上一些杏桃醬。以磨碎的開心果進行裝飾。

主廚小巧思：加勒比巧克力來自加勒比島的混種可可豆，是一種有頂級產地grand cru 頭銜的巧克力。含有66%的可可含量。

Saveurs glacées, saveurs à boire

冰涼暢飲好滋味

le bon geste pour faire une crème anglaise

製作英式奶油醬的正確手法

依您所選擇的食譜（範例請參照第216或230頁的冰淇淋）成分來調整此英式奶油醬的作法。

① 在碗中打發5個蛋黃和125克的細砂糖，直到混合物泛白並變得濃稠。

② 在平底深鍋中將500毫升的牛奶和1根已經剖成兩半並以刀尖刮下內容物的香草莢煮沸。離火。將一些熱的香草牛奶倒入蛋黃和細砂糖的混合物中並快速攪拌。

③ 將所有材料再度倒入平底深鍋中，以文火燉煮，並不斷以木杓攪拌，直到奶油醬變稠並附著於杓背（注意別把奶油醬煮沸）。用一根手指劃過木杓杓背，若劃過的痕跡很明顯，表示奶油醬已烹煮完成。熄火，在碗上以漏斗型網篩過濾。放入裝滿冰塊的容器裡冷卻並不時搖動。

le bon geste pour préparer une pâte à choux

製作泡芙的正確手法

依您所選擇的食譜(範例請參照第232頁)成分來調整此泡芙的作法。

① 在平底深鍋中將50克的奶油和120毫升的水、1/2小匙的鹽以及1/2小匙的糖加熱至融化。離火。混入75克過篩的麵粉。混合至形成平滑的團狀麵糊。重新開火,將麵糊烘乾,並一邊攪動至麵糊不會沾黏內壁,在木杓周圍纏繞成團狀,而且不會在平底深鍋中留下痕跡為止。

② 將麵糊放入碗中冷卻5分鐘。混入3顆蛋,一顆顆地放入,同時用木杓使勁攪拌。在一旁的碗中攪拌第四顆蛋,接著將一半倒入麵糊中並持續攪拌,以便盡可能混入更多的空氣。最後,麵糊必須變得平滑且光亮。

③ 在此階段,請檢驗麵糊已經準備好可供使用:用木杓舀起一些並抬高。若麵糊落下形成「V」字形,就表示麵糊已經準備好了。否則就要再加入其餘打散的蛋液,然後再重複測試。

le bon geste pour former des quenelles

梭形冰淇淋塑型的正確手法

依您所選擇的食譜（範例請參照第218、220或234頁）來塑造梭形冰淇淋。

① 將兩根大湯匙浸泡在一杯熱水中。備妥您所選擇的配料，亦可選擇性地準備用以擺放梭形冰淇淋的船型容器。

② 用兩根大湯匙來塑造梭形。用一根大湯匙提取一些配料，然後放進另一根大湯匙裡。重複同樣的步驟數次以獲得相當平滑且橄欖形狀的梭形。

③ 可選擇性地將梭形冰淇淋擺入船型容器中，用兩根大湯匙當中的一根放入。

le bon geste pour réaliser des copeaux de chocolat

呈現巧克力刨花的正確手法

為了裝飾您如同第212頁的甜點，請依下面介紹的兩種方法之一來呈現巧克力刨花。為此請使用200克的巧克力。

① 第一個方法：將一塊巧克力的光滑面朝上，擺在一張烤盤紙上。用吹風機加熱巧克力的表面，讓巧克力軟化，接著置於室溫下約2分鐘。備妥刀身固定的削皮刀。一隻手抓住略略傾斜的巧克力片，另一隻手以刀身按在巧克力上，刮出巧克力刨花。冷藏備用。

② 第二個方法（職業級）：為巧克力調溫（請參考第315頁），接著倒在一片厚的玻璃紙或巧克力專用紙（feuille guitare）上。以抹刀塗抹，仔細磨平，然後放涼。

③ 用一把大刀，傾斜著刀身刮下冷卻的巧克力，以形成巧克力刨花。冷藏備用。

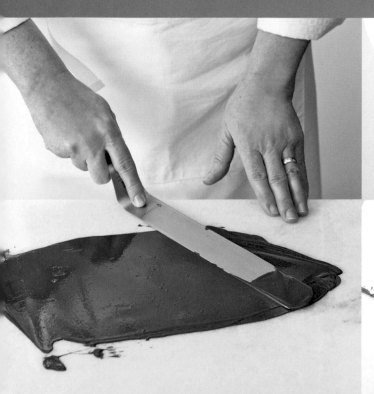

黑巧克力冰淇淋木柴蛋糕
Bûche glacée au chocolat noir

12人份

難易度 ★★★

準備時間：1小時15分鐘

烹調時間：12分鐘

冷凍時間：3小時

特濃黑巧克力蛋糕體

· 特濃黑巧克力100克
　（可可脂含量70%）
· 室溫回軟的奶油100克
· 蛋黃4個
· 蛋白4個
· 細砂糖40克
· 麵粉50克

巧克力糖漿

· 水70毫升
· 細砂糖75克
· 無糖可可粉10克

黑巧克力冰淇淋凍糕
（parfait）

· 黑巧克力100克
· 液狀鮮奶油300毫升
· 蛋黃5個
· 水40毫升
· 細砂糖45克

巧克力鮮奶油香醍

· 黑巧克力100克
· 液狀鮮奶油200毫升
· 糖粉20克

巧克力碎片

· 黑巧克力250克

烤箱預熱180℃（熱度6）。在烤盤上鋪一張烤盤紙。

特濃黑巧克力蛋糕體的製作：將巧克力切碎，然後隔水加熱至融化。將巧克力從隔水加熱的容器中取出。加入室溫回軟的奶油，然後是蛋黃。將蛋白和糖一起打發，直到蛋白硬性發泡，接著小心地混入巧克力的麵糊中。加入麵粉並均勻混合。將此麵糊鋪在烤盤上達1公分的厚度，然後於烤箱中烘烤12分鐘。

巧克力糖漿的製作：在平底深鍋中將水和糖煮沸。加入可可粉，混合後放涼。

黑巧克力冰淇淋凍糕的製作：將巧克力切碎，然後隔水加熱至融化。將鮮奶油打發至凝固而且不會從攪拌器上滴落的狀態，接著加以冷藏。將蛋黃打發。將水和糖煮沸並燉煮2分鐘。將煮好的糖漿倒入蛋黃並持續以攪拌器攪拌，直到混合物變得濃稠並冷卻為止。用橡皮刮刀一點一點地混入巧克力和打發的鮮奶油。

將冰淇淋凍糕倒入長35公分的木柴模型中，填至1/3滿。將特濃黑巧克力蛋糕體切成3×35公分和5×35公分的兩個長條。將第一塊蛋糕體擺在冰淇淋凍糕上。以巧克力糖漿浸透，接著覆蓋上其餘的冰淇淋凍糕。將第二塊蛋糕體以糖漿浸透，然後以浸透的那一面擺在冰淇淋凍糕上。將所有材料冷凍3小時。

巧克力鮮奶油香醍的製作：將巧克力切碎，然後隔水加熱至融化。將鮮奶油打發，待鮮奶油變得濃稠時，加入糖粉並持續攪拌至鮮奶油凝固而且不會從攪拌器上滴落的狀態。混入巧克力中。倒入裝有星形擠花嘴的擠花袋中，然後冷藏。

巧克力碎片的製作：為黑巧克力調溫（請參考第315頁）。鋪在覆蓋著烤盤紙的烤盤上，然後冷藏。當巧克力變硬時，置於室溫下讓巧克力回溫，接著敲成大塊的碎片。

用極燙的熱水浸泡模型後，為木柴蛋糕脫模。用鮮奶油香醍擠出的玫瑰花飾和巧克力碎片為蛋糕進行裝飾。

列日巧克力
Chocolat liégeois

8人份

難易度 ★★★

準備時間：45分鐘

雪酪機攪拌時間：30分鐘

巧克力冰淇淋

- 苦甜巧克力120克
  （可可脂含量55至70%）
- 可可塊（pâte de cacao）
  30克
- 蛋黃6個
- 細砂糖100克
- 牛奶500毫升

巧克力醬

- 黑巧克力250克
- 牛奶150毫升
- 液狀鮮奶油120毫升

鮮奶油香醍

- 液狀鮮奶油400毫升
- 糖粉40克

裝飾

- 巧克力刨花（請參考第
  209頁）

巧克力冰淇淋的製作：將巧克力和可可塊切成細碎並放入大碗中。在另一個碗中用攪拌器攪拌蛋黃和糖，直到混合物泛白並變得濃稠。在平底深鍋中將牛奶煮沸，接著將其中的1/3倒入蛋黃和糖的混合物中並快速攪拌。將所有材料倒入平底深鍋中，以文火燉煮並不斷以木杓攪動，直到鮮奶油變稠並附著於杓背（注意別把奶油醬煮沸）。將此英式奶油醬淋在巧克力和可可塊上並均勻混合。將所有材料在碗上以漏斗型網篩過濾。將上述材料放入裝滿冰塊的大型容器裡，讓奶油醬冷卻。接著在雪酪機中攪拌30分鐘，然後冷凍備用。

巧克力醬的製作：將黑巧克力切碎並放入碗中。在平底深鍋中將牛奶和鮮奶油煮沸，接著淋在巧克力上，並以橡皮刮刀混合。

鮮奶油香醍的製作：將鮮奶油打發。當鮮奶油開始稠化時，加入糖粉並持續攪拌至鮮奶油凝固而且不會從攪拌器上滴落的狀態。倒入裝有星形擠花嘴的擠花袋中。

在8個玻璃杯中分別裝入3球的巧克力冰淇淋，接著擺上一大朵的鮮奶油香醍玫瑰花飾。淋上一些巧克力醬，然後以巧克力刨花為每一杯進行裝飾。

主廚小巧思：若您找不到可可塊，請使用可可脂含量極高的巧克力，如72%的巧克力。

巧克力冰淇淋
Crème glacée au chocolat

8人份

難易度 ★★★

準備時間：30分鐘

雪酪機攪拌時間：30分鐘

巧克力冰淇淋

- 苦甜巧克力120克
  （可可脂含量55至70%）
- 可可塊（pâte de cacao）
  30克
- 蛋黃6個
- 細砂糖100克
- 牛奶500毫升

巧克力醬

- 黑巧克力250克
- 牛奶150毫升
- 液狀鮮奶油120毫升

巧克力冰淇淋的製作：將巧克力和可可塊切成細碎並放入大碗中。在另一個碗中用攪拌器攪拌蛋黃和一半的糖，直到混合物泛白並變得濃稠。在平底深鍋中將牛奶和其餘的糖煮沸，接著將1/3倒入蛋黃和糖的混合物中並快速攪拌。將所有材料倒入平底深鍋中，以文火燉煮並不斷以木杓攪動，直到鮮奶油變稠並附著於杓背（注意別把奶油醬煮沸）。將此英式奶油醬淋在巧克力和可可塊上並均勻混合。將所有材料在碗上以漏斗型網篩過濾。將上述材料放入裝滿冰塊的大型容器裡，讓奶油醬放涼。接著在雪酪機中攪拌30分鐘，然後冷凍備用。

將8個食用碗冷藏。

巧克力醬的製作：將巧克力切碎並放入碗中。將牛奶和鮮奶油煮沸。將上述材料淋在巧克力上，並以橡皮刮刀均勻混合。

在8個碗中分別放入3或4球的巧克力冰淇淋，然後淋上熱巧克力醬。

主廚小巧思：若您找不到可可塊，請使用可可脂含量極高的巧克力，如72%的巧克力。

巧克力冰淇淋佐咖啡熱沙巴雍醬
Crème glacée au chocolat, sabayon chaud au café

4人份

難易度 ★★★

準備時間：1小時30分鐘

烹調時間：8分鐘

雪酪機攪拌時間：30分鐘

巧克力冰淇淋

- 苦甜巧克力120克
  （可可脂含量55至70%）
- 可可塊30克
- 蛋黃6個
- 細砂糖100克
- 牛奶500毫升

指形蛋糕體

（biscuit à la cuillère）

- 蛋白3個
- 細砂糖75克
- 蛋黃3個
- 麵粉75克

咖啡糖漿

- 水50毫升
- 細砂糖50克
- 蘭姆酒2大匙
- 咖啡利口酒1大匙

咖啡沙巴雍醬

- 蛋黃4個
- 細砂糖100克
- 即溶咖啡8克
- 水100毫升
- 咖啡利口酒1小匙

- 鮮奶油香醍100毫升
- 無糖可可粉

巧克力冰淇淋的製作：將巧克力和可可塊切成細碎並放入大碗中。在另一個碗中用攪拌器攪拌蛋黃和一半的糖，直到混合物泛白並變得濃稠。在平底深鍋中將牛奶和其餘的糖煮沸，接著將1/3倒入蛋黃和糖的混合物中並快速攪拌。將所有材料倒入平底深鍋中，以文火燉煮並不斷以木杓攪動，直到醬變稠並附著於杓背（注意別把奶油醬煮沸）。將此英式奶油醬淋在巧克力和可可塊上並均勻混合。將所有材料在碗上以漏斗型網篩過濾。將上述材料放入裝滿冰塊的大型容器裡，讓奶油醬放涼。接著在雪酪機中攪拌30分鐘，然後冷凍備用。

指形蛋糕體的製作：烤箱預熱180℃（熱度6）。在烤盤上覆蓋一張烤盤紙。在上面描繪出4個直徑8公分的圓。將蛋白打發直到微微起泡。逐漸加入1/3的糖並持續攪拌。接著倒入其餘的糖，攪拌至蛋白呈現硬性發泡。混入蛋黃，接著是麵粉。將此蛋糕體的麵糊倒入裝有圓口擠花嘴的擠花袋中，然後在烤盤上擠出4個圓形麵糊，從預先畫好的圓圈內部開始擠出螺旋狀圓形。於烤箱中烘烤8分鐘後預留備用。

咖啡糖漿的製作：在平底深鍋中將水和糖煮沸。放涼後加入蘭姆酒和咖啡利口酒。

咖啡沙巴雍醬的製作：在隔水加熱的容器中攪拌蛋黃和糖至發泡。倒入摻水調和的咖啡，持續攪拌至混合物泛白並呈現濃稠的緞帶狀：舉起攪拌器時，流下的混合料必須不斷形成緞帶狀。這時加入咖啡利口酒。在每一個盤子上擺上一個直徑10公分的慕斯圈。擺上一塊浸泡過咖啡糖漿的蛋糕體，接著填滿冰淇淋。脫模，以鮮奶油香醍填入星型花嘴的擠花袋中進行裝飾，倒入熱的沙巴雍醬，撒上可可粉後享用。

香草巧克力冰火二重奏佐香料餅乾
Duo chocolat chaud-glace vanille et croquants aux épices

8人份

難易度 ★★★

準備時間：1小時30分鐘

冷藏時間：1個晚上

雪酪機攪拌時間：30分鐘

烹調時間：20分鐘

香料餅乾麵糊

- 細砂糖100克
- 二砂（金砂糖）25克
- 麵粉200克
- 奶油100克
- 鹽1撮
- 泡打粉1/2小匙
  （2.5克）
- 肉荳蔻粉2撮
- 肉桂粉1/2小匙
- 牛奶20毫升
- 蛋1顆

香草冰淇淋

- 蛋黃5個
- 糖125克
- 牛奶500毫升
- 香草莢1根
- 液狀鮮奶油50毫升

熱巧克力

- 黑巧克力250克
- 糖杏仁膏50克
  （請參考第314頁）
- 牛奶500毫升
- 液狀鮮奶油200毫升

前一天晚上，香料餅乾麵糊的製作：混合糖、二砂糖、麵粉和奶油，直到獲得沙般的碎屑狀。混入鹽、泡打粉、肉荳蔻粉和肉桂粉。加入牛奶和蛋，混合至麵糊均勻，但請勿過度揉捏。以保鮮膜包覆，冷藏1個晚上。

當天，香草冰的製作：用攪拌器攪拌蛋黃和一半的糖，直到混合物泛白並變得濃稠。在平底深鍋中將牛奶和其餘的糖，以及已經剖成兩半並以刀尖刮下內容物的香草莢煮沸。將1/3倒入蛋黃和糖的混合物中並快速打發，接著將所有材料再倒入平底深鍋中，以文火燉煮，並不斷以木杓攪拌，直到奶油醬變稠並附著於杓背（注意別把奶油醬煮沸）。這時混入液狀鮮奶油。在碗上以漏斗型網篩過濾這英式奶油醬。放入裝滿冰的容器中，讓奶油醬冷卻。接著在雪酪機中攪拌30分鐘後，冷凍備用。

烤箱預熱175℃（熱度5-6）。在烤盤上覆蓋一張烤盤紙。將香料餅乾麵糊以擀麵棍展開，然後裁成2×10公分的長條。擺在烤盤上。於烤箱中烘烤20分鐘，接著在網架上放涼。

熱巧克力的製作：將巧克力和糖杏仁膏約略切碎並放入碗中。將牛奶和鮮奶油煮沸。將上述材料倒入巧克力和糖杏仁中。以攪拌器快速攪拌，接著以漏斗型網篩過濾此混合物。

將8個湯盆中倒入一大湯勺的熱巧克力。用兩根大湯匙製作梭形香草冰，每盤擺放兩個。將2片香料餅乾放在邊緣，然後立即享用。

白巧克力冰島與草莓湯

Fraîcheur chocolat blanc des îles et sa soupe de fraises

8人份

難易度 ★★★

準備時間：30分鐘

浸泡時間：30分鐘

冷藏時間：6小時30分鐘

白巧克力冰島

· 白巧克力150克

· 新鮮百香果汁150毫升

· 椰奶250毫升

· 香草莢1根

草莓湯

· 香茅2根

· 草莓700克

裝飾

· 香草莢

◇ 梭形冰淇淋塑型的正確手法請參考第208頁

白巧克力冰島的製作：將巧克力切碎並放入碗中。在平底深鍋中混合新鮮百香果汁和椰奶。加入已經剖成兩半並以刀尖刮下內容物的香草莢，將所有材料煮沸。將平底深鍋熄火，讓材料浸泡30分鐘。取出香草莢，清洗後保留作為裝飾用。將熱的液體倒入切碎的巧克力中，均勻混合。讓混合液冷卻後冷藏6小時。

草莓湯的製作：將香茅和200克的草莓約略切碎，接著將所有材料攪拌成汁。在碗中以漏斗型網篩過濾。清洗剩餘的草莓，去梗，然後切成4塊。加進草莓香茅汁中，接著將所有材料冷藏30分鐘，讓湯完全冷卻。

將草莓湯分裝至8個小碗中。用兩根大湯匙製作梭形的白巧克力冰島，然後在每個小碗中擺放4個。用一段段的香草莢進行裝飾。

茴香白巧克力冰淇淋佐焦糖胡桃

Glace au chocolat blanc anisé et aux noix de pécan caramélisées

8人份

難易度 ★★★

準備時間：35分鐘

雪酪機攪拌時間：30分鐘

冷凍時間：4小時

焦糖胡桃

· 細砂糖50克
· 胡桃160克
· 奶油15克

茴香白巧克力冰淇淋

· 白巧克力150克
· 蛋黃6個
· 細砂糖100克
· 牛奶500毫升
· 茴香酒（pastis）1/2小匙

◇ 梭形冰淇淋塑型的正確手法請參考第208頁

焦糖胡桃的製作：在平底深鍋中加熱糖。當糖開始融化時，加入胡桃烹煮1至2分鐘，並一邊以木杓攪拌。加入奶油後備用。

茴香白巧克力冰淇淋的製作：將巧克力切成細碎並放入大碗中。在另一個碗中以攪拌器攪拌蛋黃和一半的糖，直到混合物泛白並變得濃稠。在平底深鍋中將牛奶和其餘的糖煮沸，接著將1/3倒入蛋黃和糖的混合物中並快速攪拌。將所有材料再倒入平底深鍋中，以文火燉煮，並不斷以木杓攪拌，直到奶油醬變稠並附著於杓背（注意別把奶油醬煮沸）。在碗上以漏斗型網篩過濾奶油醬。放入裝滿冰的容器中，讓奶油醬冷卻，並不時搖動。這時加入茴香酒，並在雪酪機中攪拌奶油醬30分鐘。接著混入一半的焦糖胡桃，冷凍備用。

享用時，用兩根大湯匙製作梭形的茴香白巧克力冰淇淋，在8個湯盆中分別放入3個梭形冰淇淋。用剩餘的焦糖胡桃進行裝飾。

巧克力冰沙
Granité au chocolat

4人份

難易度 ★★★

準備時間：10分鐘

冷凍時間：2小時

· 黑巧克力50克
· 水200毫升
· 細砂糖40克

將巧克力切碎並放入碗中。在平底深鍋中將水和糖加熱至糖完全溶解。將所有材料倒入巧克力中，攪拌均勻。

倒入一個大盤中，厚度最多1公分，然後冷凍2小時。不時以叉子攪拌混合物，在材料半結冰時，將所形成的結晶略略壓碎。

2小時後，將此冰沙分裝至4個大杯子或大玻璃杯中，立即享用。

巧克力牛軋糖雪糕
Nougat glacé au chocolat

6人份

難易度 ★★★

準備時間：45分鐘
烹調時間：5分鐘
冷凍時間：1小時

奴軋汀（nougatine）

· 杏仁片70克
· 細砂糖95克

法式蛋白霜
（meringue française）

· 蛋白2個
· 砂糖125克
· 黑巧克力85克
　（可可脂含量66%）
· 液狀鮮奶油250毫升
· 糖漬水果切碎75克
· 櫻桃酒1大匙
· 鮮奶油香醍200毫升
· 酸莓（cerises amarena）

將烤箱預熱150度（熱度5）。在烤盤上鋪一張烤盤紙。

奴軋汀的作法：將杏仁置於烤盤上，放在烤箱裡烘烤5分鐘，讓杏仁微微上色，然後備用。將糖置於鍋中約煮10分鐘，以得到金黃色的焦糖（烹飪溫度計達170℃）。加入杏仁並輕輕地混合。將此牛軋糖倒入鋪有潔淨烤盤紙的烤盤上，接著鋪上另一張烤盤紙。在上面用擀麵棍壓成厚度2公厘的牛軋糖。放涼，用一條毛巾包起來，然後用擀麵棍將奴軋汀敲碎。

法式蛋白霜的作法：將蛋白打發至微微起泡。逐漸加入1/3的糖，同時持續將蛋白打發至光亮平滑。輕輕地將其餘的糖倒入，然後將蛋白打發到硬性發泡，並在攪拌器的尾端形成立角的狀態。冷藏備用。

將巧克力切碎，隔水加熱至融化。將鮮奶油打發至凝固，而且不會從攪拌器上滴落的狀態，然後小心地加入融化的巧克力。將此巧克力鮮奶油分3次混入法式蛋白霜。加入搗碎的奴軋汀、糖漬水果碎和櫻桃酒。將此牛軋糖倒入長22公分×高5公分的長方模具中，然後冷凍1小時。

將模具外側浸入極燙的水後脫模。將巧克力牛軋糖雪糕切開，分成6片擺在6個盤子上。以裝有鮮奶油香醍的擠花袋在每一片上擠出玫瑰花作為裝飾，並擺上一顆酸莓，無須等待即可享用。

主廚小巧思：若您沒有酸莓，請使用浸泡糖漿的酸味櫻桃作為裝飾。您亦能搭配酸味櫻桃醬來享用牛軋糖雪糕。

巧克力冰淇淋凍糕佐羅勒香橙醬
Parfait glacé au chocolat, crème d'orange au basilic

6人份

難易度 ★★★

準備時間：1小時15分鐘

冷凍時間：2小時

黑巧克力冰淇淋凍糕
（**parfait glacé**）
· 黑巧克力100克
· 液狀鮮奶油300毫升
· 蛋黃5個
· 水50毫升
· 細砂糖45克

羅勒香橙醬
· 羅勒1把
· 蛋黃4個
· 細砂糖90克
· 柳橙汁350毫升

柑橘類水果
· 柳橙2顆
· 葡萄柚1顆

裝飾
· 羅勒小葉片

黑巧克力冰淇淋凍糕的製作：將巧克力切碎並隔水加熱至融化。在碗中將液狀鮮奶油打發至凝固，而且不會從攪拌器上滴落的狀態，然後冷藏。在另一個碗中將蛋黃攪拌至顏色變淡。在平底深鍋中將水和糖煮沸並燉煮2分鐘。小心地將煮好的糖漿倒入蛋黃中，並持續以攪拌器攪拌至混合物變得濃稠並冷卻。以橡皮刮刀逐漸混入融化的巧克力，接著是打發的鮮奶油。將此配料倒入18×7公分的瓷模中，冷凍2小時。

羅勒香橙醬的製作：將羅勒洗淨並晾乾。在碗中以攪拌器攪拌蛋黃和糖，直到混合物泛白並變得濃稠。在平底深鍋中將柳橙汁和羅勒煮沸，接著將1/3倒入蛋黃和糖的混合物中，並快速攪動。將所有材料再倒入平底深鍋中，以文火燉煮，並不斷以木杓攪拌，直到奶油醬變稠並附著於杓背（注意別把奶油醬煮沸）。以漏斗型網篩過濾，讓奶油醬放涼後冷卻。

柑橘類水果的製作：以磨得很利的刀子去除柳橙和葡萄柚的外皮：沿著水果的彎曲部分移除果皮和白色的中果皮。接著將果肉切成4塊，並乾淨俐落地將果肉和白膜分割開來。

將巧克力冰淇淋凍糕從冷凍庫中取出，再以熱布巾包覆後脫模。將凍糕切片。將一些香橙奶油醬填入6個碗底，接著擺上一片凍糕和幾片柑橘類水果。以羅勒葉進行裝飾。

糖漬蜜梨佐冰淇淋
Poires Belle-Hélène

6人份

難易度 ★★★

準備時間：1小時

冷藏時間：2小時

雪酪機攪拌時間：30分鐘

糖漬蜜梨

- 小洋梨6個
- 檸檬1/2顆
- 水700毫升
- 細砂糖250克
- 香草莢1/2根

香草冰淇淋

- 蛋黃5個
- 細砂糖125克
- 牛奶500毫升
- 香草莢1根
- 液狀鮮奶油50毫升

巧克力醬

- 巧克力135克
- 奶油15克
- 高脂濃奶油150毫升

糖漬蜜梨的製作：將洋梨去皮，切成兩半，然後挖去果核。用檸檬擦拭以免果肉變黑。在平底深鍋中將水和糖，以及已經剖成兩半並以刀尖刮下內容物的香草莢煮沸。加進梨肉，在沸水中以文火燉煮20分鐘，直到果肉軟化。將梨肉連同糖漿倒入碗中，將所有材料冷藏2小時。

香草冰淇淋的製作：在碗中以攪拌器攪拌蛋黃和一半的糖，直到混合物泛白並變得濃稠。在平底深鍋中將牛奶和其餘的糖，以及已經剖成兩半並以刀尖刮下內容物的香草莢煮沸。將1/3倒入蛋黃和糖的混合物中並快速攪拌，接著將所有材料再倒入平底深鍋中，以文火燉煮，並不斷以木杓攪拌，直到奶油醬變稠並附著於杓背（注意別把奶油醬煮沸）。混入液狀鮮奶油，然後在碗上以漏斗型網篩過濾此香草英式奶油醬。放入裝滿冰的容器中，讓奶油醬冷卻。接著在雪酪機中攪拌30分鐘，冷凍備用。

巧克力醬的製作：將巧克力切成細碎，和奶油及鮮奶油一起隔水加熱至融化。

在6個冰杯中放入1球冰淇淋和2個切半的糖漬蜜梨，接著淋上巧克力醬。即刻享用。

巧克力冰淇淋小泡芙
Profiteroles glacées, sauce au chocolat

6人份

難易度 ★★★

準備時間：45分鐘

烹調時間：25分鐘

泡芙

- 奶油50克
- 水120毫升
- 鹽1/2小匙
- 細砂糖1/2小匙
- 過篩的麵粉75克
- 蛋4顆＋打散的蛋1顆
  （蛋黃漿用）

巧克力醬

- 黑巧克力100克
- 牛奶60毫升
- 奶油50克

配料

- 香草冰淇淋1/2公升

◇ 製作泡芙的正確手法請參考第207頁

烤箱預熱180°C（熱度6）。將烤盤塗上奶油。

泡芙的製作：在平底深鍋中將奶油和水、鹽、糖加熱至溶化，接著將所有材料煮沸。熄火後一次加入過篩的麵粉。用木杓混合至獲得平滑的麵糊。重新開火以便將麵糊烘乾，攪拌至麵糊不會沾黏內壁，並在木杓周圍纏繞成團狀為止。這時將麵糊放入碗中，放涼5分鐘。

這時混入3顆蛋，一顆顆地放入，同時用木杓使勁攪拌。在一旁的碗中攪拌第4顆蛋，接著將一半倒入麵糊中並持續攪拌至麵糊變得平滑且光亮，以便盡可能混入更多的空氣。在此階段，請檢驗麵糊已經準備好可供使用：木杓舀起一些麵糊並抬高。若麵糊落下形成「V」字形，就表示麵糊已備妥。否則就要再加入其餘打散的蛋，然後再重複測試。

用木杓或裝有圓口擠花嘴的擠花袋在烤盤上擠成直徑2至3公分的小球。刷上打散的蛋液，然後置於烤箱中15分鐘，烤箱門緊閉。接著將溫度調低至165°C（熱度5-6），持續烘烤10分鐘，直到泡芙被烤成金黃色。輕拍泡芙以確認泡芙的烘烤狀態：若泡芙發出空洞的聲響，表示泡芙已烘烤完成。讓泡芙在網架上冷卻。

巧克力醬的製作：將巧克力切成細碎。將牛奶煮沸，離火後加入巧克力。混合均勻後加入奶油，維持巧克力醬的熱度。

將泡芙切成兩半，填入一球香草冰淇淋，放上另一半泡芙後淋上熱巧克力醬。立即享用。

巧克力雪酪佐紅果醬
Sorbet au chocolat sur coulis de fruits rouges

8人份

難易度 ★★★

準備時間：30分鐘

雪酪機攪拌時間：20分鐘

冷藏時間：10分鐘

巧克力雪酪

· 黑巧克力200克

· 無糖可可粉80克

· 水500毫升

· 細砂糖120克

紅果醬

（coulis de fruits rouges）

· 覆盆子或其他紅色水果
  200克

· 檸檬汁幾滴

· 糖粉30克

裝飾（隨意）

· 新鮮覆盆子

◇ 梭形冰淇淋塑型的正確手
法請參考第208頁

巧克力雪酪的製作：將巧克力切成細碎並放入碗中。在平底深鍋中將可可粉摻入1/4的水中。接著加入其餘的水和糖煮沸。將所有材料倒入切碎的巧克力中，攪拌均勻。將此混合料以漏斗型網篩過濾，然後放涼。在雪酪機中攪拌20分鐘，冷凍備用。

紅果醬的製作：將水果和幾滴檸檬汁放入食物料理機或果汁機中。依個人口味酌量加入糖粉。將醬汁以漏斗型網篩過濾，冷藏10分鐘。

將紅果醬分裝至8個小碗中。用兩根大湯匙製作梭形巧克力雪酪，在每個碗中擺上一個。用幾顆新鮮覆盆子作為裝飾。

主廚小巧思：快速冷凍的紅色水果也非常適合用來製作醬汁。

巧克力舒芙蕾凍糕
Soufflés glacés tout chocolat

4人份

難易度 ★★★

準備時間：30分鐘

冷凍時間：6小時

冷藏時間：15分鐘

巧克力奶油醬
- 黑巧克力300克
- 蛋黃7個
- 細砂糖225克
- 牛奶250毫升
- 液狀鮮奶油400毫升

法式蛋白霜
- 蛋白4個
- 細砂糖80克

裝飾
- 糖粉

將4個直徑8公分的舒芙蕾模用2條約高出模型3公分的烤盤紙圍起來（以便使模型增高），然後以膠帶固定。

巧克力奶油醬的製作：將巧克力切成細碎，然後隔水加熱至融化。在碗中以攪拌器攪拌蛋黃和糖，直到混合物泛化並變得濃稠。在平底深鍋中將牛奶煮沸，接著將1/3倒入蛋黃和糖的混合物中並快速攪拌。將所有材料再倒入平底深鍋中，以文火燉煮，並不斷以木杓攪拌，直到奶油醬變稠並附著於杓背（注意別把奶油醬煮沸）。在碗上以漏斗型網篩過濾此英式奶油醬，接著混入融化的巧克力後放涼。將液狀鮮奶油打發至凝固，而且不會從攪拌器上滴落的狀態，接著小心地混入巧克力奶油醬中。

將奶油醬分裝至4個模型中，填滿至烤盤紙的邊緣，但請預留0.5公分的空間給蛋白霜。冷凍6小時。

法式蛋白霜的製作：將蛋白打發至微微起泡。逐漸加入1/3的糖，並持續打發至蛋白變得平滑且光亮。接著小心地倒入其餘的糖，將蛋白打發至凝固，並在提起攪拌器時泡沫呈現尖角下垂的狀態。

將舒芙蕾凍糕從冷凍庫中取出，加上一層厚度約0.5公分的蛋白霜。用浸泡過熱水的鋸齒刀畫出波浪狀圖案。將舒芙蕾冷藏15分鐘，讓蛋白霜變硬。

以最高溫將烤架預熱。

接著將舒芙蕾置於烤架上數秒，直到蛋白霜上色為止。將舒芙蕾的烤盤紙帶取下，然後撒上糖粉。即刻享用。

拿坡里三色慕斯凍糕
Tranche napolitaine

8人份

難易度 ★★★

準備時間：45分鐘

冷凍時間：3小時

白巧克力慕斯

- 白巧克力50克
- 吉力丁1片
- 液狀鮮奶油150毫升
- 細砂糖20克
- 水20毫升

牛奶巧克力慕斯

- 牛奶巧克力50克
- 吉力丁1片
- 液狀鮮奶油150毫升
- 細砂糖20克
- 水20毫升

黑巧克力慕斯

- 液狀鮮奶油150毫升
- 黑巧克力60克

白巧克力慕斯的製作：將白巧克力切碎，然後隔水加熱至融化。將吉力丁片浸泡在一些水中，讓吉力丁軟化。將液狀鮮奶油打發至凝固，而且不會從攪拌器上滴落的狀態，接著加以冷藏。以文火讓糖在水中溶解，然後煮沸，接著加入擠乾水分的吉力丁。將所有材料倒在融化的巧克力中，以攪拌器快速混合。接著小心地混入打發的鮮奶油。將這白巧克力慕斯倒入25×10公分的模型中，用軟抹刀將表面整平，然後冷凍。

牛奶巧克力慕斯的製作：重複和上面同樣的步驟，但以牛奶巧克力取代白巧克力。接著將模型從冷凍庫中取出，然後將牛奶巧克力慕斯倒在白巧克力慕斯上。以軟抹刀將表面整平，然後再度將模型冷凍。

黑巧克力慕斯的製作：將鮮奶油打發至凝固，而且不會從攪拌器上滴落的狀態，接著加以冷藏。將黑巧克力切碎，然後隔水加熱至融化。小心地以橡皮刮刀混入打發的鮮奶油。

將模型從冷凍庫中取出，將黑巧克力慕斯倒在上面，並以軟抹刀將表面整平。冷凍3小時。

從冷凍庫中取出，將凍糕切片享用。您亦能將模型浸泡一下非常燙的熱水後，在餐盤上將整個凍糕脫模。

松露巧克力冰淇淋
Truffes glacées

12個

難易度 ★★★

準備時間：30分鐘

冷凍時間：1小時30分鐘

・巧克力冰淇淋250毫升

包覆糖衣（l'enrobage）
・黑巧克力250克
・液狀鮮奶油250毫升
・細砂糖45克（2.5大匙）
・過篩的無糖可可粉

在烤盤上覆蓋一張烤盤紙，然後冷凍。

用大湯匙製作12個巧克力冰淇淋小球。擺在冷凍盤上，然後再度冷凍1小時。

包覆糖衣的製作：將黑巧克力切碎並放入碗中。在平底深鍋中加熱鮮奶油和糖，直到糖完全溶解，接著倒入巧克力中。讓巧克力融化，接著均勻混合並攪拌10分鐘，直到這甘那許ganache冷卻為止。

將過篩的可可粉放入深底餐盤中。當冰淇淋球變硬時，將它們一個個浸入用以包覆的甘那許中，接著在可可粉中滾一滾均勻沾裹上可可粉。冷凍至少30分鐘後享用。

主廚小巧思：在享用前，沒有裹上可可粉的松露巧克力冰淇淋可在密封的盒子中冷凍保存15天。注意，在進行包覆時，甘那許必須經過足夠的冷卻，以免使冰淇淋融化，但也不能過度冷卻，以免冰淇淋包覆的糖衣不夠厚。

黑巧克力杯子冰淇淋佐
糖煮杏桃和鹽之花烤麵屑
Verrines glacées au chocolat noir, compote d'abricot et crumble à la fleur de sel

10人份

難易度 ★★★

準備時間：45分鐘

冷凍時間：30分鐘

烹調時間：20分鐘

黑巧克力奶油醬

· 黑巧克力80克
· 液狀鮮奶油200毫升
· 蛋黃3個
· 細砂糖20克

鹽花烤麵屑

· 奶油50克
· 細砂糖50克
· 麵粉50克
· 泡打粉1撮
· 杏仁粉50克
· 鹽之花

糖煮杏桃

· 奶油20克
· 細砂糖40克
· 浸泡糖漿的切半杏桃12個
· 香草精1至2滴

裝飾

· 糖粉

黑巧克力奶油醬的製作：將巧克力切碎並放入碗中。在平底深鍋中將鮮奶油煮沸。在另一個碗中用攪拌器攪拌蛋黃和糖，直到混合物泛白並變得濃稠。將其中1/3倒在熱的奶油上，並快速攪拌，接著將所有材料再倒入平底深鍋中，以文火燉煮，並不斷以木杓攪拌，直到奶油醬變稠並附著於杓背（注意別把奶油醬煮沸）。在裝有巧克力的碗上以漏斗型網篩過濾這英式奶油醬並均勻混合成黑巧克力奶油醬。

將黑巧克力奶油醬分裝至10個玻璃杯中，厚度約2公分，然後冷凍30分鐘。

烤箱預熱165℃（熱度5-6）。在烤盤上覆蓋一張烤盤紙。

鹽之花烤麵屑的製作：在一個大碗中混合所有烤麵屑的材料，以獲得沙般的碎屑狀。將混合物擺到烤盤上，於烤箱中烘烤20分鐘。放至微溫後將烤麵屑壓成小塊後預留備用。

糖煮杏桃的製作：在平底深鍋中以文火加熱奶油和糖。加入杏桃、所浸泡的糖漿100毫升和香草精。將所有材料烹煮至獲得濃稠的糖煮水果。此時放涼。

將玻璃杯從冷凍庫中取出，然後在每個杯中放上一層冷卻的糖煮杏桃約2公分的厚度。分別擺上烤麵屑碎片並撒上糖粉。立即享用杯子冰淇淋。

熱巧克力
Chocolat chaud

6人份

難易度 ★★★

準備時間：15分鐘

- 牛奶1公升
- 高脂濃奶油250毫升
- 黑巧克力120克
- 肉桂粉1小匙
- 黑胡椒粒1粒
- 細砂糖2大匙（30克）

在平底深鍋中將牛奶和鮮奶油緩緩煮沸。

將黑巧克力切碎，和肉桂粉、黑胡椒粒和糖一起放入平底深鍋中。加熱所有材料約10分鐘並不時以木杓攪拌。

將熱巧克力以漏斗型網篩過濾，接著分裝至6個杯中並立即享用。

主廚小巧思：冷藏數小時，甚至是3天，接著在享用前再加熱會使熱巧克力更加美味。您可加入棉花糖作為裝飾。

巧克力奶凍加奶泡
Lait glacé au chocolat et écume de crème

6人份

難易度 ★★★

準備時間：20分鐘

冷凍時間：30分鐘

巧克力奶凍

- 牛奶500毫升
- 黑巧克力80克

奶泡（l'écume de crème）

- 液狀鮮奶油100毫升
- 細砂糖10克

巧克力奶凍的製作：將巧克力切碎並放入碗中。在平底深鍋中將牛奶煮沸，接著倒入巧克力中，均勻混合。將此巧克力牛奶分裝至6個馬丁尼杯中，冷凍30分鐘。

奶泡的製作：將液狀鮮奶油和糖倒入鮮奶油香醍虹吸管中。插入氣瓶，接著使勁地操作這個裝置，使空氣混入鮮奶油中，讓鮮奶油充滿空氣。啓動虹吸瓶，從上到下，在巧克力奶凍上放上一些奶泡。即刻享用。

巧克力奶昔
Milk-shake au chocolat

6-8人份

難易度 ★★★

準備時間：20分鐘

冷藏時間：1小時

- 牛奶200毫升
- 無糖可可粉3小匙
- 細砂糖2小匙
- 香草冰淇淋6球
- 巧克力冰淇淋5球
- 冰塊6個

在平底深鍋中將一半的牛奶和可可粉及糖煮沸。接著加入其餘的牛奶，混合後離火。放涼，接著將配料冷藏1小時。

將配料和冰淇淋球及冰塊一起在電動攪拌器中以最高速攪打1至2分鐘。

將巧克力奶昔分裝至6至8個杯中並立即享用。

巧克力湯佐八角茴香鳳梨串和鳳梨脆片
Soupe au chocolat, brochette d'ananas macéré à l'anis étoilé et ananas craquant

6人份

難易度 ★★★

準備時間：30分鐘

冷藏時間：1個晚上

烹調時間：4至5小時

浸泡時間：30分鐘

八角茴香鳳梨串和鳳梨脆片

· 鳳梨1顆
· 水500毫升
· 細砂糖150克
· 八角茴香4個
· 糖粉

巧克力湯

· 牛奶150毫升
· 淡味的蜂蜜10克
· 香草莢1/2根
· 黑巧克力碎片100克

前一天晚上，八角茴香鳳梨串的製作：將鳳梨削皮，並從寬的那面切成兩半。將其中一半切塊（保留另一半做鳳梨脆片）。在平底深鍋中將水、糖和八角茴香煮沸。將此糖漿倒入鳳梨塊中，於冰箱中浸泡1個晚上。

烤箱預熱80℃（熱度2-3）。在烤盤上覆蓋上一張烤盤紙。

鳳梨脆片的製作：將另一半的鳳梨切成極薄的薄片。擺在烤盤上，撒上糖粉，於烤箱中烘乾4至5小時。

當天，巧克力湯的製作：在平底深鍋中將牛奶和蜂蜜，以及已經剖成兩半並以刀尖刮下內容物的香草莢煮沸。離火後，讓食材浸泡30分鐘，接著取出香草莢。將此熱的液體倒入巧克力碎片中，均勻混合。接著讓湯放至微溫。

將浸泡過八角茴香的鳳梨塊叉在6根竹籤上。將微溫的巧克力湯分裝至6個舒芙蕾模中。在每個容器中擺入一串鳳梨串並搭配1片的鳳梨脆片。

Petits goûters
à partager

與人共享的小點心

le bon geste pour fourrer des pièces de pâte à choux

裝填泡芙條的正確手法

製作泡芙條，進行烘烤，然後依您所選擇的食譜（範例請參考第274或296頁）來製作裝填的奶油醬。

① 準備一個圓口且非常尖頭的擠花嘴，並在另一個裝有圓口但較大型擠花嘴的擠花袋裡填滿奶油醬。將泡芙平的一側朝上擺放。

② 一手握著一條泡芙，用極尖的圓口擠花嘴在平坦的一側鑽2至3個洞。

③ 按壓擠花袋，從洞裡為每一條泡芙填入奶油醬。

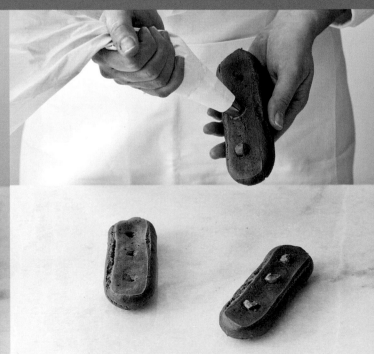

le bon geste pour confectionner des moules en chocolat

製作巧克力模的正確手法

依您選擇食譜（範例請參考第270頁）所指示的模型來調整此作法。

① 準備一把毛刷、一把小刀、大量的調溫巧克力（請參考第315頁）和圓錐形紙袋。

② 用毛刷在紙袋裡刷上薄薄一層調溫巧克力，在室溫下凝固30分鐘，將紙袋的開口朝下擺放，讓多餘的

巧克力流出。在巧克力變硬時再刷上第二層，若有必要的話，甚至可刷上第三層。

③ 當巧克力完全凝固時，小心翼翼地將紙片展開，將紙袋移除，有需要時可使用刀子。存放在陰涼處備用。

將軍權杖餅
Bâtons de maréchaux

75塊

難易度 ★★★

準備時間：1小時

烹調時間：8至10分鐘

· 蛋白5個
· 細砂糖30克
· 過篩的杏仁粉125克
· 過篩的糖粉125克
· 過篩的麵粉25克
· 杏仁碎粒70克

裝飾
· 黑巧克力250克

◇ 巧克力調溫的正確手法請
參考第315頁

烤箱預熱170°C（熱度6）。在烤盤上覆蓋一張烤盤紙。

將蛋白打發至微微起泡。逐漸加入1/3的糖，持續打發至蛋白變得平滑光亮。接著小心地倒入其餘的糖，打發至蛋白呈現凝固狀。逐漸倒入杏仁粉、糖粉和過篩的麵粉，仔細混合。將裝有中型擠花嘴的擠花袋填入一半上述的混合物，在烤盤上擠出長6公分的麵糊圓柱體。重複同樣的步驟直到沒有麵糊剩下。撒上杏仁碎粒，於烤箱中烘烤8至10分鐘，直到權杖餅微微染上金黃色。從烤箱取出，放涼。接著將權杖餅一個個拿起，擺在盤上，在室溫下預留備用。

請遵照下列的每個程序為黑巧克力調溫，以便獲得品質優良的巧克力結晶：將黑巧克力約略切碎。將2/3的巧克力隔水加熱至融化，溫度達烹飪溫度計的45°C。當巧克力到達此溫度，從隔水加熱的容器中取出。加入剩下的1/3巧克力，攪拌至巧克力冷卻至27°C。此時再度隔水加熱至32°C，同時不斷攪拌。將將軍權杖餅平坦的一面泡入調溫巧克力中。放到網架上，巧克力的那面朝上，置於室溫下，讓巧克力凝固。

主廚小巧思：將軍權杖餅在密閉的盒子中可存放數日。

炸巧克力丸
Beignets au chocolat

25-30塊炸丸

難易度 ★★★

準備時間：40分鐘＋30分鐘

冷藏時間：1小時

　　　　　（前一天晚上）

冷凍時間：1個晚上

烹調時間：45分鐘

巧克力奶油醬

· 苦甜巧克力200克

　（可可脂含量55至70%）

· 液狀鮮奶油140毫升

· 無糖可可粉

炸丸麵糊（pâte à beignets）

· 過篩的麵粉125克

· 過篩的玉米粉1大匙

· 油1大匙

· 鹽2撮

· 全蛋1顆＋蛋白1個

· 啤酒120毫升

· 細砂糖1.5大匙

· 油炸用油

· 麵粉

· 無糖可可粉（隨意）

前一天晚上，巧克力奶油醬的製作：將巧克力切碎並隔水加熱至融化。在平底深鍋中將鮮奶油煮沸，接著混入巧克力中。將這巧克力奶油醬蓋起來，冷藏至奶油醬變得夠硬。填入裝有圓口擠花嘴的擠花袋中，在覆有烤盤紙的烤盤上擠出25至30個小塊。冷藏約1小時至奶油醬凝固。戴上您的塑膠手套，用手將每個小塊滾成球狀。撒上可可粉以免沾黏，然後冷凍一整個晚上。

當天，炸丸麵糊的製作：在一個大碗中倒入過篩的玉米粉和麵粉，並在中間形成一個凹槽。倒入油、鹽、全蛋，逐步混入過篩的材料，直到形成均勻的麵糊。當麵糊變得平滑時，逐漸加入啤酒並均勻混合。

將蛋白打成泡沫狀，加入糖，並持續打發。小心地混入炸丸麵糊中。

從冷凍庫中取出2至3個巧克力球，稍微裹上麵粉。用夾子將巧克力放入炸丸麵糊中，接著放入油炸用油中。油炸3至5分鐘，直到巧克力球略呈金黃色，接著擺到吸油紙上。可選擇性地在炸丸上撒上可可粉。重複同樣的步驟油炸其餘的巧克力球。

布朗尼
Brownies

10人份

難易度 ★★★

準備時間：30分鐘

烹調時間：30分鐘

- 苦甜巧克力125克
  （可可脂含量55至70％）
- 奶油225克
- 蛋4顆
- 紅糖125克
- 細砂糖125克
- 過篩的麵粉50克
- 過篩的無糖可可粉20克
- 切碎的胡桃100克

烤箱預熱170℃（熱度5-6）。在20×20公分的方形模型中鋪上一張烤盤紙。

將巧克力切碎並和奶油一起隔水加熱至融化。以橡皮刮刀輕輕混合。

在一旁快速將蛋連同兩種糖一起打發，直到麵糊變得濃稠且起泡，接著將所有材料混入巧克力和奶油的混合物中。然後加入過篩的麵粉和可可粉，以及切碎的胡桃。以橡皮刮刀均勻混合。

將此麵糊倒入模型中，於烤箱中烘烤30分鐘，直到將刀尖插入布朗尼的中心，拔出時不會沾附麵糊為止。這時在網架上放涼，接著切成小方塊。

新鮮覆盆子和巧克力香醍泡芙
Choux Chantilly au chocolat et framboises fraîches

8-10個泡芙

難易度 ★★★

準備時間：35分鐘

烹調時間：30分鐘

泡芙

- 水250毫升
- 奶油100克
- 鹽1小匙
- 細砂糖1小匙
- 過篩的麵粉150克
- 蛋4顆＋作為刷蛋液的打散蛋1顆

巧克力香醍

- 黑巧克力碎片125克
- 液狀鮮奶油300毫升
- 糖粉30克

裝飾

- 覆盆子500克
- 糖粉

◇ 製作泡芙的正確手法請參考第207頁

烤箱預熱180°C（熱度6）。為烤盤塗上奶油。

泡芙的製作：在平底深鍋中加熱水、奶油、鹽和糖，直到奶油融化，接著將上述材料煮沸。離火後一次加入過篩的麵粉。以木杓混合成平滑且厚實的麵糰。再次開火，將麵糰烘乾，同時攪拌至麵糰不會沾黏內壁，並在木杓周圍纏繞成團狀。將麵糊放入碗中冷卻5分鐘。

混入3顆蛋，一顆顆地放入，同時用木杓使勁攪拌。在一旁的碗中攪拌第4顆蛋，接著將一半倒入麵糊中並持續攪拌，以便盡可能混入更多的空氣，直到麵糊變得平滑且光亮。在此階段，請檢驗麵糊已經準備好可供使用：用木杓舀起一些並抬高。若麵糊落下形成「V」字形，就表示麵糊已經準備好了。否則就要再加入其餘打散的蛋，然後再重複測試。

用大湯匙或裝有圓口擠花嘴的擠花袋在烤盤上擠出直徑4至5公分的小球。用最後一顆打散的蛋為小球刷上蛋液，然後置於烤箱中烤箱門緊閉地烘烤15分鐘。接著將溫度調低至165°C（熱度5-6），烤箱門微微開啟，然後繼續再烘烤15分鐘，直到泡芙烤成金黃色。輕拍泡芙以確認泡芙的烘烤狀態：若泡芙發出空洞的聲響，表示泡芙已烘烤完成。讓泡芙在網架上冷卻。

巧克力香醍的製作：將巧克力隔水加熱至融化。將鮮奶油和糖粉一起打發，直到鮮奶油凝固，而且不會從攪拌器上滴落，接著混入巧克力並快速攪拌。將所有材料倒入裝有星形擠花嘴的擠花袋中。將泡芙上面1/3切去。用擠花袋填入巧克力香醍並在周圍貼上覆盆子。再為每個泡芙蓋上蓋子，然後撒上糖粉。

巧克力雪茄餅
Cigarettes au chocolat

45根雪茄餅

難易度 ★ ★ ★

準備時間：30分鐘

冷藏時間：20分鐘

烹調時間：6至8分鐘

- 室溫回軟的奶油80克
- 糖粉120克
- 蛋白4個（130克）
- 過篩的麵粉90克
- 過篩的無糖可可粉20克

在碗中將室溫回軟的奶油和糖粉攪拌至濃稠的乳霜狀。逐漸加入蛋白，均勻混合，接著混入過篩的麵粉和可可粉。將麵糊冷藏20分鐘。

烤箱預熱200°C（熱度6-7）。在烤盤上覆蓋一張烤盤紙。

在紙板上畫出1個直徑8公分的圓，接著以切割器裁下，將圓形部分取下。將這圓形模版擺在烤盤上，然後在圓圈內鋪上巧克力雪茄餅的麵糊。將模版移開，重複同樣的步驟，直到烤盤上蓋滿了圓麵糊，並在每個麵糊之間留下幾公釐的空隙。於烤箱中烘烤6到8分鐘。

選一把圓柄木杓（或大湯匙）來捲您的雪茄餅。一出爐，就將圓餅一個個捲在杓柄周圍。讓其變硬數秒，接著放到網架上。存放在乾燥的場所。

巧克力肉桂餅乾
Cookies à la cannelle et aux pépites de chocolat

40塊餅乾

難易度 ★★★

準備時間：15分鐘

冷藏時間：1小時

烹調時間：10分鐘

· 蛋黃2個
· 香草精1小匙
· 水2大匙
· 室溫回軟的奶油150克
· 糖粉100克
· 過篩的麵粉300克
· 過篩的泡打粉1/2小匙
  （2.5克）
· 鹽1大撮
· 肉桂粉1.5小匙
· 巧克力豆120克
· 糖粉

在碗中混合蛋黃、香草精和水。在另一個碗中用攪拌器攪拌室溫回軟的奶油和糖粉至呈現濃稠的乳霜狀。逐漸加入香草蛋黃液，接著混入過篩的麵粉和泡打粉，以及鹽和肉桂粉。最後加入巧克力豆，混合時別過度揉捏麵糰。

將麵糰分成兩半，並製作2個直徑3公分的長條麵糰。滾上糖粉。包在保鮮膜中冷藏至少1小時。

烤箱預熱160°C（熱度5-6）。為烤盤塗上奶油。

將長條麵糰切成1公分厚的圓形切片，然後擺在烤盤上。於烤箱中烘烤約10分鐘，直到餅乾呈現金黃色。在網架上放涼。

主廚小巧思：為了做變化，您亦能為長條麵糰滾上無糖可可粉。

柳橙巧克力餅乾
Cookies au chocolat et à l'orange

20人份

難易度 ★★★

準備時間：15分鐘

烹調時間：7或8分鐘

冷藏時間：15分鐘

- 室溫回軟的奶油100克
- 細砂糖40克（2.5大匙）
- 切成細末的柳橙皮1/2顆
- 過篩的麵粉125克
- 過篩的泡打粉1/2小匙（2.5克）
- 黑巧克力100克

烤箱預熱190℃（熱度6-7）。為烤盤塗上奶油。

在碗中以橡皮刮刀攪拌室溫回軟的奶油，直到呈現濃稠的膏狀。逐漸加入糖和柳橙皮，攪拌至混合物的顏色變淡。這時混入過篩的麵粉和泡打粉。用2支小湯匙來製作核桃大小的小麵糰。擺在烤盤上，接著以濕潤的叉子（以免沾黏麵糰）壓扁。

於烤箱中烘烤7或8分鐘，直到餅乾呈現漂亮的金黃色，接著在網架上冷卻。

將巧克力切碎，並在隔水加熱的容器中緩緩融化。離火後，將每塊餅乾一半浸入融化的巧克力中，接著擺在烤盤紙上。冷藏15分鐘，讓巧克力凝固。

巧克力盃、盆和號角
Coupelles, coupes et cornets en chocolat

10人份

難易度 ★★★

準備時間：45分鐘

· 黑巧克力500克

◇ 巧克力調溫的正確手法請
參考第315頁

◇ 製作巧克力模的正確手法
請參考第255頁

請遵照下列的每個程序為黑巧克力調溫，以便獲得品質優良的巧克力結晶：將黑巧克力約略切碎。將2/3的巧克力隔水加熱至融化，溫度達烹飪溫度計的45℃。當巧克力到達此溫度，便從隔水加熱的容器中取出。加入剩下的1/3，攪拌至巧克力冷卻至27℃。此時再度隔水加熱至32℃，同時不斷攪拌。

巧克力盃的製作：使用小紙盒（裝糖果和小蛋糕的盒子，或是用裝個人蛋糕的盒子來製作更大型的巧克力盃）。若盒子很薄，就兩兩套在一起。用毛刷在盒子內部刷上薄薄一層調溫巧克力，然後置於室溫下30分鐘，讓巧克力凝固。巧克力一旦變硬，再刷上第二層，甚至在有必要時刷上第三層。當巧克力變硬時，小心地將紙盒抽出，然後將巧克力盃存放在陰涼且乾燥的場所。

巧克力盆的製作：將10個塑膠球充氣並將開口綁緊。將球半浸泡在調溫巧克力中，然後擺在鋪有烤盤紙的烤盤上。置於冰箱中讓其變硬約15分鐘，讓巧克力凝固。當巧克力硬化時，用針將球刺破，取出巧克力盆，然後存放在陰涼且乾燥的場所。

巧克力號角的製作：使用圓錐形紙袋。用毛刷在紙袋裡刷上薄薄一層調溫巧克力，讓其在室溫下凝固30分鐘，將紙袋的開口朝下擺放，讓多餘的巧克力流出。當巧克力變硬時再刷上第二層，若有必要的話，甚至可刷上第三層。當巧克力完全凝固時，將紙片攤開，把紙袋移除，然後存放在陰涼且乾燥的場所。

巧克力可麗餅
Crêpes au chocolat

15片可麗餅

難易度 ★ ★ ★

準備時間：10分鐘

冷藏時間：2小時

烹調時間：45分鐘

巧克力可麗餅麵糊

· 過篩的麵粉150克

· 過篩的無糖可可粉30克

· 蛋2顆

· 牛奶450毫升

· 細砂糖10克

澄清奶油

· 奶油125克

佐料

· 鮮奶油香醍和細砂糖，或
  榛果巧克力醬

巧克力可麗餅麵糊的製作：將過篩的麵粉和可可粉倒入碗中，並在中央形成一個凹槽。放入蛋、1/4的牛奶和糖，逐漸混合以獲得均質的麵糊。逐步倒入剩餘的牛奶，並持續混合至獲得平滑的麵糊。將麵糊蓋起來，冷藏2小時。

澄清奶油的製作：以極小的火讓奶油緩緩融化，無需攪動。接著將平底深鍋離火，撈去表面形成的白色泡沫。將這澄清奶油倒入碗中，注意別讓白色微粒（或乳清）進入平底深鍋中。

將長柄平底鍋放在火上加熱。離火後用浸泡過澄清奶油的吸油紙擦上油。舀起一小湯勺的麵糊，倒入鍋中，即刻轉動鍋子，使麵糊攤開。將第一面煎烤1至2分鐘，接著可用橡皮刮刀翻面，也可以甩鍋，然後再煎烤幾秒。將可麗餅放到盤上，然後蓋上另一個盤子以維持熱度。重複同樣的步驟煎好其餘的可麗餅，直到麵糊用盡。

搭配一些鮮奶油香醍和細砂糖，或是榛果巧克力醬享用。

主廚小巧思：您可提前幾個小時製作可麗餅，享用前，在稍微上油的熱鍋中快速加熱。去除固體微粒的澄清奶油不像一般奶油那麼容易燒焦，冷藏保存時也較不容易氧化變質。

巧克力閃電泡芙
Éclairs tout chocolat

12個閃電泡芙

難易度 ★★★

準備時間：1小時

烹調時間：25分鐘

冷藏時間：25分鐘

泡芙

- 水250毫升
- 奶油100克
- 鹽1小匙
- 細砂糖1小匙
- 過篩的麵粉130克
- 過篩的無糖可可粉20克
- 蛋4顆＋作為刷蛋液的
  打散蛋1顆

巧克力卡士達奶油醬

- 黑巧克力150克
- 牛奶500毫升
- 香草莢1根
- 蛋黃4個
- 細砂糖125克
- 玉米粉40克

巧克力鏡面

- 黑巧克力100克
- 糖粉100克
- 水20毫升

◇ 裝填泡芙條的正確手法請
參考第254頁

烤箱預熱180℃（熱度6）。為烤盤塗上奶油。

依第262頁的指示製作泡芙：同時混入可可粉和麵粉。當麵糊已經準備好可供使用時（在用木杓測試過後），放入裝有圓口擠花嘴的擠花袋中，然後在烤盤上擠出3×10公分的棍形麵糊。用打散的蛋刷上蛋液，以濕潤的叉子壓扁並劃線。置於烤箱中烘烤15分鐘，烤箱門不要打開。接著將溫度調低至165℃（熱度5-6），然後繼續烘烤10分鐘，直到閃電泡芙成形為止。輕拍泡芙以確認泡芙的烘烤狀態：若泡芙發出空洞的聲響，表示泡芙已烘烤完成。

巧克力卡士達奶油醬的製作：將巧克力切成細碎並放入碗中。在平底深鍋中將牛奶和已經剖成兩半並以刀尖刮下內容物的香草莢煮沸，然後離火。在碗中打發蛋黃和糖，直到混合物泛白並變得濃稠，接著混入玉米粉。取出香草莢，將一半的牛奶倒入蛋黃、糖和玉米粉的混合物中，攪拌均勻。混入其餘的牛奶，接著將所有材料倒回平底深鍋中。以文火燉煮，並不斷以木杓混合，直到奶油醬變得濃稠。讓奶油醬沸騰1分鐘，並持續攪拌。將這卡士達奶油醬倒入巧克力中，均勻混合。在巧克力卡士達奶油醬的表面蓋上保鮮膜，冷藏25分鐘。

巧克力鏡面的製作：將巧克力隔水加熱至融化。將糖粉摻入水中，然後將所有材料混入巧克力裡。將這混合物加熱至烹飪溫度計的40℃。

將卡士達奶油醬倒入裝有圓口擠花嘴的擠花袋中。在每條閃電泡芙上戳出2至3個小洞，然後填入卡士達奶油醬。用軟抹刀在閃電泡芙的表面鋪上一層鏡面，然後晾乾。

巧克力費南雪佐牛奶巧克力輕慕斯
Financiers au chocolat et mousse légère au chocolat au lait

15個費南雪

難易度 ★ ★ ★

準備時間：40分鐘

烹調時間：10-15分鐘

冷藏時間：10分鐘

巧克力費南雪

· 奶油170克

· 過篩的麵粉100克

· 過篩的杏仁粉125克

· 細砂糖250克

· 蛋白7個（200克）

· 蜂蜜40克

· 巧克力豆90克

牛奶巧克力輕慕斯

· 牛奶巧克力220克

· 液狀鮮奶油320毫升

· 香草莢1/2根

裝飾

· 牛奶巧克力

◇ 以圓錐形紙袋進行裝飾的
正確手法請參考第319頁

烤箱預熱180℃（熱度6）。

巧克力費南雪的製作：在平底深鍋中加熱奶油，直到奶油變成「榛果色」，意即乳清附著於鍋底，而且變成褐色。平底深鍋離火，立即以漏斗型網篩過濾奶油，放涼。將過篩的麵粉和杏仁粉倒入一個大碗中。加入糖，接著是蛋白和蜂蜜，然後打發至呈現濃稠的乳霜狀。逐漸將淺褐色的奶油混入上述混合物中，直到略略起泡並膨脹，接著加入巧克力丁。將15個直徑4.5公分，高3公分的迷你馬芬蛋糕矽膠模填滿至3/4。於烤箱中烘烤10至15分鐘，直到將刀身插入費南雪的中心，拔出時不會沾附麵糊為止。放涼數秒後在網架上脫模。

牛奶巧克力輕慕斯的製作：將巧克力切碎並隔水加熱至融化。將鮮奶油和已經剖成兩半並以刀尖刮下內容物的香草莢煮沸。倒入巧克力約2/3的量，然後用力地打發。混入剩餘的奶油，接著將所有材料倒入裝有星形擠花嘴的擠花袋中。在每個費南雪上擠出牛奶巧克力輕慕斯的玫瑰花飾並冷藏10分鐘。

將裝飾用的牛奶巧克力隔水加熱至融化，接著放至微溫。在巧克力微溫時，填入圓錐形紙袋中，將上面折下，使紙袋閉合，並將尖端剪去，在費南雪上畫出條紋。

主廚小巧思：亦可使用黑巧克力或白巧克力來製作慕斯或進行裝飾。

巧克力柳橙費南雪
Financiers à l'orange
et aux pépites de chocolat

15塊

難易度 ★★★

準備時間：30分鐘

烹調時間：10至15分鐘

靜置時間：1天

巧克力柳橙費南雪

· 奶油75克
· 糖漬柳橙40克
· 麵粉50克
· 糖粉120克
· 杏仁粉50克
· 蛋白4個
· 巧克力豆30克

黑巧克力甘那許

· 黑巧克力100克
· 液狀鮮奶油100毫升
· 奶油20克

烤箱預熱180℃（熱度6）。用毛刷在費南雪的烤盤（或12個小型的費南雪模）內刷上奶油，撒上麵粉，然後倒扣讓多餘的麵粉落下。

巧克力柳橙費南雪的製作：在平底深鍋中將奶油加熱至「榛果色」，意即乳清附著於鍋底，而且變成褐色。平底深鍋離火，立即以漏斗型網篩過濾奶油，放涼。將糖漬柳橙切成小丁。在碗中混合麵粉、糖粉、杏仁粉和蛋白，直到呈現濃稠的乳霜狀。逐漸將淺褐色的奶油混入上述混合物中，直到略略起泡並膨脹。接著加入巧克力豆和糖漬柳橙丁。

用大湯匙或擠花袋將每個烤模填至3/4滿。於烤箱中烘烤10至15分鐘，直到將刀身插入費南雪的中心，拔出時不會沾附麵糊為止。放涼數秒後在網架上脫模。

黑巧克力甘那許的製作：將巧克力約略切碎並放入碗中。在平底深鍋中將鮮奶油煮沸，然後淋在巧克力上並均勻混合。然後混入奶油。將這甘那許倒入裝有圓口擠花嘴的擠花袋中。用巧克力甘那許來裝飾費南雪的表面，每人享用2塊。

巧克力佛羅倫汀餅乾
Les florentins au chocolat

40塊

難易度 ★★★

準備時間：45分鐘

烹調時間：30分鐘

冷卻時間：30分鐘

- 糖漬水果50克
- 糖漬柳橙皮50克
- 糖漬心形櫻桃
  （bigarreaux）35克
- 杏仁片100克
- 過篩的麵粉25克
- 液狀鮮奶油100毫升
- 細砂糖85克
- 蜂蜜30克
- 黑巧克力300克

◇ 巧克力調溫的正確手法請
參考第315頁

烤箱預熱170°C（熱度5-6）。將烤盤塗上奶油。

將糖漬水果、糖漬柳橙皮和糖漬心形櫻桃切成小塊，接著和杏仁片一起放入碗中。加入過篩的麵粉，並用手仔細混合，以便將所有的糖漬水果塊分開。

在平底深鍋中將鮮奶油、糖和蜂蜜煮沸，接著以攪拌器攪拌。燉煮2至3分鐘。接著將混合液倒入糖漬水果和麵粉的混合物中，用木杓輕輕攪拌（此混合物冷藏可保存2天）。

用小湯匙將上述材料一球球地放在烤盤上，彼此之間保持距離。用大湯匙的背面將麵糊球非常輕巧地壓扁，以便形成直徑3公分的圓形餅狀。於烤箱中烘烤，在起泡時取出放涼約30分鐘。接著將烤箱再調到160°C（熱度5-6），再度將餅乾放入10分鐘。接著從烤箱中取出，待冷卻時置於網架上。

請遵照下列每一個程序為黑巧克力調溫，以便獲得品質優良的巧克力結晶：將黑巧克力約略切碎。將2/3的巧克力隔水加熱至融化，溫度達烹飪溫度計的45°C。當巧克力到達此溫度，從隔水加熱的容器中取出。加入剩下的1/3，攪拌至巧克力冷卻至27°C。此時再度隔水加熱至32°C，同時不斷攪拌。

用毛刷在佛羅倫汀餅乾的平面上刷上一層調溫黑巧克力，並一個個輕拍，讓餅乾不要有氣泡。用抹刀鋪上第二層巧克力並去除四週多餘的巧克力。讓佛羅倫汀餅乾在室溫下變硬。

主廚小巧思：應用大湯匙鋪上非常薄的佛羅倫汀餅乾麵糊（若麵糊太厚會導致食用上的不便）。

巧克力肉桂風凍
Fondants chocolat-cannelle

45塊風凍

難易度 ★★★

準備時間：15分鐘

冷藏時間：45至60分鐘

烹調時間：12至15分鐘

巧克力麵糰

· 室溫回軟的奶油180克

· 糖粉100克

· 蛋黃1個

· 過篩的麵粉200克

· 過篩的無糖可可粉10克

肉桂麵糰

· 室溫回軟的奶油140克

· 糖粉75克

· 香草精1/2小匙
  （2.5毫升）

· 肉桂粉1/2小匙（2.5克）

· 蛋黃1個

· 過篩的麵粉200克

裝飾

· 蛋白2個

· 椰子粉100克

巧克力麵糰的製作：將室溫回軟的奶油和糖粉一起攪拌至鬆軟且顏色變淡的濃稠狀。加入蛋黃以及過篩的麵粉和可可粉，接著揉捏至獲得鬆軟的麵糰。冷藏15至20分鐘。

肉桂麵糰的製作：將室溫回軟的奶油和糖粉一起攪拌至鬆軟且顏色變淡的濃稠狀。混入香草精和肉桂粉。加入蛋黃和過篩的麵粉，接著揉捏至獲得鬆軟的麵糰。冷藏15至20分鐘。

將肉桂麵糰揉成直徑3公分的長條麵糰。將巧克力麵糰擀成1公分的厚度。擺上肉桂長條麵糰，用巧克力麵糰包覆起來。將上述的長條麵糰冷藏15至20分鐘。

烤箱預熱160℃（熱度5-6）。將烤盤塗上奶油。

將長條麵糰刷上兩個蛋白的蛋汁，接著滾上椰子粉。用泡過熱水並擦拭過刀面的鋒利刀子切成寬1公分的圓形薄片。將圓形薄片擺在烤盤上，於烤箱中烘烤12至15分鐘，接著置於網架上冷卻。

巧克力蛋白杏仁甜餅
Macarons au chocolat

30塊

難易度 ★★★

準備時間：30分鐘

靜置時間：20至30分鐘

烹調時間：10-15分鐘

冷藏時間：一天

- 過篩的杏仁粉125克
- 過篩的糖粉200克
- 過篩的無糖可可粉30克
- 蛋白5個
- 細砂糖75克

甘那許

- 黑巧克力150克
- 液狀鮮奶油200毫升
- 蜂蜜20克

在碗中倒入過篩的杏仁粉、糖粉和可可粉，預留備用。在另一個碗中將蛋白打發至微微起泡。逐漸加入1/3的糖，持續打發至蛋白光亮平滑。接著小心地倒入其餘的糖，並打發至蛋白呈現硬性發泡狀態。這時用橡皮刮刀混入1/4過篩的杏仁粉、糖粉和可可粉的混合物。從碗的中央開始慢慢地朝碗的邊緣混合，像是在疊麵糰一樣，用另一隻手轉動碗。接著分3次混入其餘的杏仁粉、糖粉和可可粉的混合物。當麵糰變得鬆軟且光亮時停止攪和。用這蛋白杏仁甜餅的麵糰填入裝有4公釐圓口擠花嘴的擠花袋。在覆有烤盤紙的烤盤上擠出60個直徑約2公分的球。於室溫下靜置20至30分鐘。

烤箱預熱160℃（熱度5-6）。

於烤箱中烘烤10至15分鐘。烘烤的途中，將烤箱的溫度調低為120-130℃（熱度4-5）。接著當蛋白杏仁甜餅膨脹的部分變硬時，將蛋白杏仁甜餅從烤箱中取出，冷卻後冷藏。

甘那許的製作：將黑巧克力切碎並放入碗中。將鮮奶油和蜂蜜煮沸。將一半倒入切碎的巧克力中，用攪拌器攪拌。逐漸加入剩餘的部分並一邊以攪拌器小心攪拌。放涼。

將一些甘那許塗在一片蛋白杏仁甜餅上。接著和另一片兩兩相黏。在品嚐前先冷藏一天，讓蛋白杏仁甜餅的中心變得柔軟。

主廚小巧思：您可使用覆盆子果醬或榛果巧克力醬作為這些蛋白杏仁甜餅的夾餡。您亦能在製作完成後將您的蛋白杏仁甜餅冷凍。

鹽之花巧克力蛋白杏仁甜餅
Macarons tout chocolat
à la fleur de sel

8塊

難易度 ★★★

準備時間：30分鐘

靜置時間：20至30分鐘

烹調時間：18分鐘

冷藏時間：一天

蛋白杏仁甜餅麵糊

- 過篩的杏仁粉180克
- 過篩的糖粉270克
- 過篩的無糖可可粉30克
- 蛋白5個（150克）
- 細砂糖30克
- 鹽之花

甘那許

- 黑巧克力150克
- 蛋黃2個
- 細砂糖100克
- 液狀鮮奶油100毫升
- 香草莢1根

蛋白杏仁甜餅麵糊的製作：在碗中倒入過篩的杏仁粉、糖粉和可可粉。將蛋白打發至微微起泡。逐漸加入1/3的糖，持續打發至蛋白光亮平滑。接著小心地倒入其餘的糖，並打發至蛋白呈現硬性發泡的狀態。這時用橡皮刮刀混入1/4過篩的杏仁粉、糖粉和可可粉的混合物。從碗的中央開始慢慢地朝碗的邊緣混合，像是在疊麵糰一樣，用另一隻手轉動碗。接著分3次混入其餘的杏仁粉、糖粉和可可粉的混合物。當麵糰變得鬆軟且光亮時停止攪拌。用這蛋白杏仁甜餅的麵糰填入裝有4公釐圓口擠花嘴的擠花袋。在覆有烤盤紙的烤盤上擠出16個直徑4-5公分的球。於室溫下靜置20至30分鐘。

烤箱預熱160℃（熱度5-6）。在麵球上撒上鹽花，然後於烤箱中烘烤10至15分鐘。在烘烤途中將烤箱的溫度調低為120-130℃（熱度4-5）。接著當蛋白杏仁甜餅膨脹的部分變硬時，從烤箱中取出，放涼後冷藏。

甘那許的製作：將巧克力切碎並放入碗中。將蛋黃和糖打發至混合物泛白並變得濃稠。在平底深鍋中將鮮奶油和已經剖成兩半並以刀尖刮下內容物的香草莢煮沸。將1/3倒入蛋黃和糖的混合物中並快速攪拌，接著將所有材料再倒入平底深鍋中，以文火燉煮，並不斷以木杓攪和，直到奶油醬變稠並附著於杓背（注意別把奶油醬煮沸）。取出香草莢，將奶油醬倒入巧克力中，均勻混合。放涼並不時攪拌。

將甘那許倒入裝有圓口擠花嘴的擠花袋中，並擠在8片蛋白杏仁甜餅上。和其他甜餅兩兩相黏。冷藏一天後再品嚐。

巧克力檸檬大理石瑪德蓮蛋糕
Madeleines marbrées chocolat-citron

48塊瑪德蓮蛋糕

難易度 ★★★

準備時間：30分鐘

冷藏時間：1個晚上

烹調時間：10至12分鐘

巧克力瑪德蓮蛋糕麵糊

· 奶油85克
· 蛋2顆
· 細砂糖130克
· 牛奶35毫升
· 過篩的麵粉150克
· 過篩的無糖可可粉30克
· 泡打粉1小匙（5.5克）

檸檬瑪德蓮蛋糕麵糊

· 奶油85克
· 蛋2顆
· 細砂糖130克
· 牛奶35毫升
· 過篩的麵粉180克
· 泡打粉1小匙（5.5克）
· 切碎的檸檬皮2顆

前一天晚上，巧克力瑪德蓮蛋糕麵糊的製作：在平底深鍋中將奶油煎至「榛果色」，意即乳清附著於鍋底，而且變成褐色。平底深鍋離火，立即以漏斗型網篩過濾奶油，接著讓奶油稍微冷卻。在碗中將蛋和糖一起打發，直到混合物泛白並變得濃稠，接著倒入牛奶中。加入過篩的麵粉、可可粉和泡打粉並加以混合。用攪拌器逐漸混入褐色奶油，直到混合物略略起泡並膨脹。將碗蓋上保鮮膜，接著冷藏保存至隔天。

檸檬瑪德蓮蛋糕麵糊的製作：採用和製作巧克力瑪德蓮蛋糕麵糊同樣的方法，只是用2顆檸檬的皮來取代可可粉。

當天，烤箱預熱200°C（熱度6-7）。用毛刷在瑪德蓮蛋糕模中刷上奶油並撒上麵粉，接著倒扣，讓多餘的麵粉落下。

用擠花袋或大湯匙為每個瑪德蓮蛋糕模填入2個巧克力和檸檬麵糊。將這些瑪德蓮蛋糕置於烤箱中烘烤5分鐘，直到蛋糕開始變成金黃色，接著將溫度調低至180°C（熱度6），然後繼續烘烤5至7分鐘。將瑪德蓮蛋糕從烤箱中取出，立即脫模，然後於網架上放涼。

主廚小巧思：更多變化，可將瑪德蓮蛋糕麵糊分開烘烤，以製作純巧克力或純檸檬的瑪德蓮蛋糕。

巧克力蜂蜜瑪德蓮蛋糕
Madeleines au miel
et au chocolat

24塊瑪德蓮蛋糕

難易度 ★★★

準備時間：30分鐘

冷藏時間：1個晚上

烹調時間：10至12分鐘

· 奶油85克
· 蛋2顆
· 蜂蜜130克
· 牛奶35毫升
· 過篩的麵粉170克
· 過篩的泡打粉1小匙
  （5.5克）
· 黑巧克力200克

前一天晚上，在平底深鍋中將奶油煎至「榛果色」，意即乳清附著於鍋底，而且變成褐色。平底深鍋離火，立即以漏斗型網篩過濾奶油，接著讓奶油稍微冷卻。

在碗中將蛋和蜂蜜一起打發，直到混合物泛白並變得濃稠，接著倒入牛奶中。加入過篩的麵粉和泡打粉粉並加以混合。用攪拌器逐漸混入褐色奶油，直到混合物略略起泡並膨脹。將碗蓋上保鮮膜，冷藏保存至隔天。

當天，烤箱預熱200℃（熱度6-7）。用毛刷在瑪德蓮蛋糕模中刷上奶油並撒上麵粉，接著倒扣，讓多餘的麵粉落下。

用大湯匙或擠花袋將每個瑪德蓮蛋糕模填入胡桃大小的麵糰。將這些瑪德蓮蛋糕置於烤箱中烘烤5分鐘，直到蛋糕開始變成金黃色，接著將溫度調低至180℃（熱度6），然後繼續烘烤5至7分鐘。將瑪德蓮蛋糕從烤箱中取出，立即脫模，然後於網架上放涼。

在這段時間內為巧克力調溫（請參考第315頁）。將瑪德蓮蛋糕有條紋的一面浸泡在調溫巧克力中，接著讓巧克力在室溫下凝固後享用。

主廚小巧思：為了將模型塗上奶油，請使用室溫回軟的奶油，並以橡皮刮刀攪拌至呈現膏狀後使用。建議為模型塗上2次奶油，撒上麵粉後冷藏幾分鐘再擺上麵糰。如此一來，烘烤過後的瑪德蓮蛋糕會較好脫模。

香橙巧克力鬆糕
Mignardises au chocolat et à l'orange

12塊鬆糕

難易度 ★★★

準備時間：45分鐘

冷藏時間：1個晚上＋1小時

烹調時間：25分鐘

糖煮柳橙

· 柳橙1顆

· 細砂糖50克

· 紅糖（sucre roux）50克

· 蜂蜜35克

鬆糕麵糊

· 巧克力50克

· 室溫回軟的奶油60克

· 杏仁粉100克

· 蛋2顆

· 蜂蜜10克

· 君度橙酒（Cointreau）
   2小匙

裝飾

· 糖粉（隨意）

前一天晚上，糖煮柳橙的製作：將柳橙削皮並切片。放入平底深鍋中，加入2種糖和蜂蜜。將所有材料以文火燉煮25分鐘，直到糖煮水果燉煮完成。冷藏1個晚上。

當天，鬆糕麵糊的製作：將巧克力切碎並隔水加熱至融化。在碗中以橡皮刮刀將室溫回軟的奶油攪拌至呈現濃稠的膏狀，接著逐漸混入融化的巧克力中。在電動攪拌器中混合杏仁粉和糖。逐步加入預先打好的蛋，一邊以電動攪拌器攪拌至獲得濃稠的麵糊，接著放入蜂蜜。逐漸混入巧克力和奶油的混合物，接著是君度橙酒，然後持續攪拌至呈現濃稠狀。將麵糊冷藏1小時，接著倒入裝有圓口擠花嘴的擠花袋中。

烤箱預熱180℃（熱度6）。將迷你馬芬蛋糕矽膠模塗上奶油。

在模型中鋪上一層厚1公分的麵糊。用小湯匙鋪上0.5公分的糖煮柳橙（保留其餘的作為裝飾用）。在上面分裝其餘的麵糊，填滿至模型的2/3。將所有材料於烤箱中烘烤10分鐘，接著將溫度調低為160℃（熱度5-6），然後持續烘烤15分鐘。

讓香橙巧克力鬆糕冷卻，接著脫模。在上面抹上一些糖煮柳橙作為裝飾。若您希望的話，可輕輕撒上糖粉。

香草巧克力千層派
Mille-feuille chocolat-vanille

6-8人份

難易度 ★★★

準備時間：3小時＋1小時

冷藏時間：1個晚上

烹調時間：45分鐘

基本揉和麵糰（détrempe）

· 奶油50克
· 過篩的麵粉225克
· 過篩的無糖可可粉25克
· 鹽8克
· 細砂糖15克
· 水120毫升

折疊（tourage）

· 冷藏的奶油250克

香草卡士達奶油醬

· 牛奶750毫升
· 香草莢2根
· 蛋黃6個
· 細砂糖225克
· 玉米粉50克
· 麵粉25克

裝飾

· 無糖可可粉

前一天晚上，基本揉和麵糰的製作：在平底深鍋中將奶油煎至「榛果色」，意即乳清附著於鍋底，而且變成褐色。平底深鍋離火，立即以漏斗型網篩過濾奶油，接著放涼。在碗中倒入過篩的麵粉、可可粉、鹽和糖，在中央形成一個凹槽。倒入水和褐色奶油並加以混合。揉捏此基本揉和麵糰1分鐘，接著揉成團狀。在麵糰上剪個十字，以免麵糰縮小，接著以保鮮膜包裹，冷藏1小時。將基本揉和麵糰擺在撒上麵粉的工作檯上，將麵糰壓扁，中央的十字依舊鼓起。

折疊：將冰奶油擺放在2張烤盤紙之間。用擀麵棍在上面輕拍並壓平形成厚2公分的方塊。擺在基本揉和麵糰十字的中心上，然後將基本揉和麵糰的4邊向上折起，以包裹奶油。用擀麵棍將寬的邊略略壓扁。在撒上麵粉的工作檯上，將麵糰擀成12×35公分的矩形。折成三折，將上面那層擺回中央上方，再將中間那層擺到最上面。將麵糰轉向右邊45°，用擀麵棍將寬的邊略略壓扁。再次將麵糰擀成12×35公分的矩形，如上所述地折成三折。以保鮮膜包裹，冷藏約30分鐘。重複以上全部的步驟2次，接著將麵糰冷藏1個晚上。

當天，烤箱預熱145℃（熱度4-5）。為烤盤塗上奶油。將麵糰擀成1至2公分的厚度，裁成烤盤的大小，擺在用幾滴水蘸濕的烤盤上。烤盤放在網架上，於烤箱中烘烤45分鐘。接著取出網架，讓麵糰冷卻。

依第296頁的指示製作卡士達奶油醬：只使用本頁所指示的材料。接著在奶油醬的表面覆蓋上保鮮膜，然後放涼。將千層酥皮切成3個10×38公分的長條，然後輪流放上香草卡士達奶油醬和千層酥皮。裁成6至8份，然後撒上可可粉。

巧克力迷你閃電泡芙
Mini-éclairs au chocolat

20條迷你閃電泡芙

難易度 ★★★

準備時間：1小時

烹調時間：16分鐘

冷藏時間：25分鐘

泡芙

- 水125毫升
- 奶油50克
- 鹽1小匙
- 細砂糖1/2小匙
- 過篩的麵粉75克
- 蛋2顆＋作為刷蛋液的
  打散蛋1顆

巧克力卡士達奶油醬

- 黑巧克力75克
- 牛奶250毫升
- 香草莢1根
- 蛋黃2個
- 細砂糖65克
- 玉米粉20克

鏡面

- 黑巧克力50克
- 糖粉50克
- 水10毫升

◇ 裝填泡芙條的正確手法請
參考第254頁

烤箱預熱180℃（熱度6）。為烤盤塗上奶油。

依第262頁的指示製作泡芙：使用本頁所指示的材料。當麵糊準備好可供使用時（在用木杓測試過後），填入裝有圓口擠花嘴的擠花袋中，在烤盤上擠出長5至6公分的棍狀麵糊。刷上打散蛋液。於烤箱中烘烤8分鐘，不要打開門。接著將溫度調低為165℃（熱度5-6），繼續再烘烤8分鐘，直到閃電泡芙呈現金黃色。輕拍閃電泡芙以確認烘烤的狀態：若泡芙發出空洞的聲響，表示泡芙已烘烤完成。讓泡芙在網架上冷卻。

巧克力卡士達奶油醬的製作：將巧克力切成細碎並放入碗中。在平底深鍋中將牛奶和已經剖成兩半並以刀尖刮下內容物的香草莢煮沸，接著離火。在碗中用攪拌器攪拌蛋黃和糖，直到混合物泛白並變得濃稠，接著混入玉米粉。取出香草莢，然後將一半的牛奶倒入蛋黃、糖和玉米粉的混合物中，並加以攪拌。混入其餘的牛奶，接著再將所有材料倒回平底深鍋中。以文火燉煮，並不斷以木杓攪拌，直到奶油醬變得濃稠。讓奶油醬沸騰1分鐘，並持續攪拌。將這卡士達奶油醬倒入巧克力中並均勻混合。在奶油醬的表面蓋上保鮮膜，冷藏25分鐘。

鏡面的製作：將巧克力隔水加熱至融化。將糖粉摻入水中，然後將所有材料混入巧克力中。將上述混合物加熱至烹飪溫度計的40℃。

將巧克力卡士達奶油醬倒入裝有圓口擠花嘴的擠花袋中。在每條閃電泡芙上鑽出1個小洞，然後填入卡士達奶油醬。用軟抹刀在閃電泡芙上鋪上一層鏡面，接著讓鏡面乾燥後享用。

布列塔尼可可奶油鹹酥餅佐檸檬奶油
Sablés bretons cacao-beurre salé et crémeux citron

20-30塊酥餅

難易度 ★★★

準備時間：15分鐘昨天＋
               40分鐘

冷藏時間：1個晚上

烹調時間：15至20分鐘

布列塔尼可可奶油
鹹酥餅麵糰
- 奶油210克
- 細砂糖180克
- 鹽之花2克
- 蛋黃5個
- 過篩的麵粉250克
- 過篩的泡打粉3小匙
  （16.5克）
- 過篩的無糖可可粉30克

檸檬奶油
- 吉力丁2片
- 蛋4顆
- 細砂糖175克
- 檸檬汁150毫升
- 室溫回軟的奶油300克

裝飾
- 覆盆子200克
- 草莓200克

前一天晚上，布列塔尼可可奶油鹹酥餅的製作：在一個大碗中攪拌奶油、糖和鹽之花，直到呈現濃稠的乳霜狀。加入一個個的蛋黃，接著是過篩的麵粉、泡打粉和可可粉，接著混合所有材料。擀成麵糰，裹上保鮮膜，冷藏一整個晚上。

當天，檸檬奶油的製作：將吉力丁泡在一些放有冰塊的冷水中，讓吉力丁變軟。打蛋。隔水加熱糖和檸檬汁，接著加入打發的蛋，並快速打發10至15分鐘，讓麵糊變得濃稠。按壓吉力丁，盡可能擠出所有的水分，然後混入離火的混合物中。將所有材料倒入碗中，加入一半室溫回軟的奶油。混合均勻後冷藏15分鐘。接著逐漸加入其餘室溫回軟的奶油，並打發至獲得稠膩且光亮的質地。將檸檬奶油倒入裝有圓口擠花嘴的擠花袋中，冷藏備用。

烤箱預熱180℃（熱度6）。在烤盤上鋪一張烤盤紙。為直徑7公分的圓形壓模塗上奶油。

將油酥麵糰擀成5公釐的厚度。用壓模壓出圓形，一一放到烤盤上，彼此間留下幾公釐的空隙。於烤箱中烘烤15至20分鐘，直到酥餅摸起來結實為止。從烤箱中取出，於網架上放涼。

用擠花袋在每塊酥餅上擠出圓形裝飾。冷藏直到享用的時刻。請搭配新鮮覆盆子和草莓享用這份甜點。

主廚小巧思：亦能使用葡萄柚汁、青檸汁，或是百香果汁來取代檸檬汁。

巧克力覆盆子布列塔尼酥餅
Sablés bretons chocolat-framboise

35塊酥餅

難易度 ★★★

準備時間：1小時

冷藏時間：40分鐘

烹調時間：10分鐘

布列塔尼酥餅麵糰

- 室溫回軟的半鹽奶油
  （beurre demi-sel）160克
- 糖粉140克
- 蛋黃3個
- 過篩的麵粉210克
- 過篩的泡打粉1小匙
  （5.5克）

巧克力慕斯

- 黑巧克力150克
  （可可脂含量70%）
- 液狀鮮奶油270毫升
- 細砂糖75克
- 蛋黃4個

裝飾

- 覆盆籽果醬
- 覆盆子250克

布列塔尼酥餅麵糰的製作：在1個大碗中攪拌半鹽奶油和糖粉，直到呈現濃稠的乳霜狀。混入一個個的蛋黃，接著是過篩的麵粉和泡打粉。混合成麵糰，裹上保鮮膜，冷藏20分鐘。

烤箱預熱180℃（熱度6）。在烤盤上鋪一張烤盤紙。

在工作檯上撒上麵粉，接著將麵糰擀成2公釐厚。為直徑6公分的壓模塗上奶油，並用來裁出圓形麵皮。一一放到烤盤上，彼此間留下幾公釐的空隙。於烤箱中烘烤10分鐘，直到酥餅摸起來結實為止。從烤箱中取出，於網架上放涼。

巧克力慕斯的製作：將巧克力切碎並隔水加熱至融化，接著離火。打發鮮奶油和糖，直到鮮奶油凝固而且不會從攪拌器上滴落的狀態。將1/3打發的鮮奶油連同蛋黃一起加入融化的巧克力中，快速攪拌所有材料。將這慕斯倒入裝有星形擠花嘴的擠花袋中，冷藏約20分鐘。

用小湯匙在每一塊布列塔尼酥餅上鋪一些覆盆籽果醬。用擠花袋在上面擠出巧克力慕斯的玫瑰花飾，再擺上1顆覆盆子。將酥餅冷藏至享用的時刻。

主廚小巧思：您可使用覆盆子凍或用食物料理機攪拌過的果凍來代替覆盆籽果醬。

巧克力酥餅
Sablés au chocolat

35塊酥餅

難易度 ★★★

準備時間：30分鐘

冷藏時間：20分鐘

烹調時間：15分鐘

- 冷藏的半鹽奶油
  （beurre demi-sel）200克
- 巧克力50克
- 麵粉200克
- 無糖可可粉25克
- 粗粒紅糖（cassonade）
  80克
- 蛋黃1個

烤箱預熱180℃（熱度6）。在烤盤上鋪一張烤盤紙。

將冷卻的半鹽奶油切成小立方體。將巧克力切成細碎。在一個大碗中倒入麵粉、可可粉和粗粒紅糖。加入奶油塊，並用指尖攪拌至獲得沙狀的混合物。加入蛋黃和切碎的巧克力，均勻混合。

將上述麵糰分成兩半，擀成2條直徑3公分的長條麵糰。冷藏20分鐘。接著切成寬1公分的圓形薄片，放在烤盤上，於烤箱中烘烤15分鐘。接著在烤盤上放涼。

主廚小巧思：您亦能使用白巧克力和黑巧克力來製作雙色酥餅。

炸小麥丸
Semoule en beignets

12個

難易度 ★★★

準備時間：2小時30分鐘

冷藏時間：2小時

浸泡時間：30分鐘

烹調時間：45分鐘

巧克力瑪斯卡邦夾心

- 黑巧克力100克
- 瑪斯卡邦乳酪
  （mascarpone）100克

牛奶小麥麵糊

- 牛奶300毫升
- 香草莢1根
- 粗粒小麥粉（semoule）
  25克
- 細砂糖25克
- 苦杏仁精數滴
- 杏仁粉

麵包粉（panure）

- 去皮杏仁100克
- 細粒麵包粉100克
- 打散的蛋2顆

- 油炸用油1/2公升
- 細砂糖

巧克力瑪斯卡邦夾心的製作：將黑巧克力隔水加熱至融化。放至微溫，接著混入瑪斯卡邦乳酪。將混合物冷藏直到凝固，然後揉成12個小球。冷藏1小時。

牛奶小麥麵糊的製作：將牛奶和已經剖成兩半並以刀尖刮下內容物的香草莢加熱至幾乎煮沸。離火，蓋上蓋子，讓香草莢浸泡30分鐘。接著取出香草莢，然後將牛奶煮沸。離火後，慢慢倒入小麥粉，並以木杓攪拌。加入糖和苦杏仁精，再次煮沸，並不斷以木杓攪拌。將所有材料以極微小的火燉煮20分鐘，不時的攪拌，以免小麥粉黏鍋。倒入烤盤或烤模中至與邊緣齊平，然後放涼。

將冷卻的牛奶小麥麵糊分成12等份，然後在每一等份中包入巧克力瑪斯卡邦夾心。將揉成的麵球滾上杏仁粉，使麵球不沾手。

麵皮的製作：將去皮杏仁約略切碎，然後和軟麵包屑混合。將小麥球在打發的蛋汁中滾一滾，接著在細粒麵包粉和杏仁粉的混合物中滾一滾。冷藏至少30分鐘。

將油倒入油炸鍋中，並加熱至200℃。一次油炸3到4個小麥球3至5分鐘，直到小麥球變得金黃酥脆。放在吸油紙上吸油。接著滾上糖。以同樣的步驟油炸其餘的小麥球，接著享用。

主廚小巧思：為了更輕易地將巧克力瑪斯卡邦夾心包入小麥麵糊中，您可將夾心冷凍2小時。

巧克力義式寬麵佐香橙沙拉
Tagliatelles au chocolat et salade d'orange

4人份

難易度 ★★★

準備時間：1小時

冷藏時間：1小時30分鐘

靜置時間：30分鐘

烹調時間：10分鐘

巧克力義式寬麵麵糰

· 過篩的麵粉200克

· 鹽1撮

· 蛋2顆

· 糖粉40克

· 無糖可可粉40克

· 水2或3大匙

香橙沙拉

· 柳橙4顆

· 細砂糖2大匙

· 石榴糖漿2大匙

· 柳橙果醬1大匙

· 君度橙酒2大匙

· 水1.5公升

· 細砂糖200克

· 香草粉

裝飾

· 新鮮薄荷

巧克力義式寬麵麵糰的製作：在碗中倒入過篩的麵粉和鹽，在中央形成一個凹槽。在另一個碗中打蛋。在碗上過篩糖粉和可可粉，混合，接著混入水。將上述混合物倒入凹槽中，然後逐漸混合，以獲得均質的麵糰。將整個麵糰揉捏至不會沾手。揉成光滑的麵糰，裹上保鮮膜，冷藏1小時30分鐘。

將工作檯撒上麵粉。將麵糰分成3塊，然後將每一塊擀成約3公釐的厚度。將每一份麵糰撒上麵粉，然後重疊在一起。整個裁成一個正方形，接著緊貼在一起，非常小心地捲起來。接著切成寬1公分的粗條，展開而成義式寬麵。讓寬麵在布巾上乾燥30分鐘。

香橙沙拉的製作：將2顆柳橙榨成汁，然後倒入平底深鍋中。加入糖，然後將所有材料煮沸。離火後混入石榴糖漿、柳橙果醬和君度橙酒。然後放涼。

用一把磨得很鋒利的刀將另2個柳橙的外皮削去：沿著水果的彎曲部分移除果皮和白色的中果皮。接著乾淨俐落地將果肉和白膜分割開來。放入糖漿後，將所有材料冷藏備用。

將水、糖和一些香草粉煮沸，接著讓義式寬麵在裡面浸泡10分鐘至熟。瀝乾後小心地混入香橙沙拉中。將所有材料分裝至4個湯盅中，以薄荷葉進行裝飾。

巧克力瓦片餅
Tuiles en chocolat

15塊瓦片餅

難易度 ★★★

準備時間：35分鐘

冷卻時間：15至25分鐘

・黑巧克力250克
・烘烤的杏仁片100克
・烘烤過的核桃碎

◇ 巧克力調溫的正確手法請
參考第315頁

將厚的透明塑膠片裁成5條12×30公分的帶狀。準備好一把毛刷、一個擀麵棍和膠帶。

請遵照下列的每個程序為黑巧克力調溫，以獲得品質優良的巧克力結晶：將黑巧克力約略切碎。將2/3的巧克力隔水加熱至融化，溫度達烹飪溫度計的45℃。當巧克力到達此溫度，從隔水加熱的容器中取出。加入剩下的1/3，攪拌至巧克力冷卻至27℃。此時再度隔水加熱至32℃，同時不斷攪拌。

用毛刷將調溫巧克力在一條帶子上塗上3個直徑8公分，厚2至3公釐的圓。每一個都撒上烘烤過的杏仁片及核桃碎，接著用一塊膠帶將透明塑膠片帶固定在擀麵棍上呈彎曲狀。重複同樣的步驟4次，將帶子疊上去。將所有帶子置於室溫下15至25分鐘，直到巧克力凝固。將帶子一條條取下，然後小心地取出巧克力瓦片餅。以密封的盒子保存在乾燥的地方（最高溫不超過12℃）。

主廚小巧思：為了方便起見，請在氣候溫和的天氣下操作這道食譜；巧克力會較好調配。在遵照第315頁的指示進行調溫時，您亦能使用白巧克力或牛奶巧克力。

榛果巧克力瓦片餅
Tuiles chocolat-noisettes

30塊瓦片餅

難易度 ★★★

準備時間：30分鐘

冷藏時間：20分鐘

烹調時間：6至8分鐘

- 室溫回軟的奶油50克
- 糖粉100克
- 蛋白2個
- 過篩的麵粉40克
- 過篩的無糖可可粉10克
- 磨碎的烘烤榛果200克

烤箱預熱180°C（熱度6）。在烤盤上覆蓋一張烤盤紙。

在碗中攪拌室溫回軟的奶油和糖粉至呈現濃稠的乳霜狀。逐漸加入蛋白，均勻混合，接著混入過篩的麵粉和可可粉。接著將麵糊冷藏20分鐘。

在烤盤上將麵糊攤成直徑約6公分的圓形片狀並撒上磨碎的榛果。於烤箱中烘烤6至8分鐘。

待烘烤完成，從烤盤上撕下，趁還沒變硬前擺在擀麵棍上，讓蛋糕體略略彎曲，瓦片餅因而成形。

主廚小巧思：就像大廚一樣，在您的廚房用具中要有一把潔淨的三角刮刀，可輕易將瓦片餅刮起。若您沒有擀麵棍，就用瓶子代替即可。

Tendres
friandises

甜入心坎的糖果

le bon geste pour faire une pâte de pralin

製作杏仁膏的正確手法

依您選擇的食譜（範例請參考第358頁）製作如下的230克杏仁膏。

(1) 在平底深鍋中將30毫升的水和150克的細砂糖煮沸。加入75克去皮杏仁、75克去皮榛果，以木杓混合。離火後持續攪拌，直到杏仁和榛果變白。再開火，將結晶的糖煮至融化。

(2) 當乾果呈現焦糖狀並開始發出聲響時，鋪在預先塗油的烤盤上。放涼。

(3) 將所獲得的糖乾果敲成碎片。置於食物料理機中研磨，直到獲得很細的粉末，並變成軟膏為止（為達此結果，請不時停下料理機，用橡皮刮刀混合）。

le bon geste pour tempérer le chocolat

巧克力調溫的正確手法

依您所選擇的食譜（範例請參考第326或356頁）調整所使用黑巧克力的量。

① 將300克的黑巧克力切碎（最好使用覆蓋巧克力 chocolat de couverture）。將2/3的巧克力隔水加熱至融化。注意別讓碗底碰到會微微滾動的水，不要沸騰，而且別讓水碰到巧克力，以免巧克力褪色或失去流動性。

② 當溫度到達電子烹飪溫度計的45℃時，將巧克力從隔水加熱的容器中取出，然後加入其餘切碎的巧克力。放涼，並不時以木杓攪拌。

③ 當溫度達27℃時，再度將巧克力隔水加熱，並輕輕攪拌，直到溫度達32℃。若巧克力變得平滑光亮，表示巧克力已經可用來塑模、製作刨花或包覆糖果。

至於牛奶巧克力的調溫，則是讓巧克力融化至45℃，冷卻至26℃，接著再度加熱至29℃。至於白巧克力，則是融化至40℃，冷卻至25℃，接著再度加熱至28℃。

le bon geste
pour mouler
des bonbons
en chocolat

巧克力糖塑型的正確手法

依您選擇的食譜（範例請參考第332頁）為巧克力調溫、製作甘那許和選擇模型。

① 在工作檯上放上一張厚的玻璃紙或巧克力專用紙。將紙上的模型傾斜，用大湯勺將模型填滿調溫巧克力。

② 立刻在工作檯上敲打模型以去除氣泡，接著倒扣，讓多餘的巧克力流下。用三角刮刀刮除模型表面。

只有模型內壁留下鋪上的巧克力，模型表面必須保持潔淨。讓巧克力在室溫下凝固30分鐘。

③ 用裝有圓口擠花嘴的擠花袋將模型填入甘那許至3/4滿，不要觸碰到巧克力的邊。讓巧克力在冰箱中凝固20分鐘。

④ 更換擺放在工作檯上的巧克力專用紙。將紙上的
   模型傾斜，再度用大湯勺將調溫巧克力倒入模型
   中，以便完全覆蓋模型內的甘那許。

⑤ 再度用三角刮刀刮除模型表面，以便讓巧克力均勻
   地覆蓋在模型上。在冰箱中凝固20分鐘。

⑥ 當巧克力凝固時，將模型倒扣，並輕敲工作檯，
   讓巧克力糖脫模。

le bon geste
pour enrober
des bonbons
en chocolat

包覆巧克力糖衣的正確手法

依您所選擇的食譜（範例請參考第336、364或372頁）製作甘那許，做成球狀，然後冷藏至硬化。

① 將甘那許球從冰箱中取出，在室溫下回溫（理想上為18-22℃之間）。將無糖可可粉裝入深皿中。為大量的巧克力進行調溫（請參考第315頁）。準備一般的叉子或巧克力叉（環狀或齒狀）。

② 將叉子移到甘那許球下，將甘那許球輕巧地浸入調溫巧克力中，接著取出，讓巧克力在碗上瀝乾。輕輕搖動，接著讓叉子下方擦過碗邊數次，以刮去多餘的巧克力而獲得平滑的外皮。

③ 用叉子讓巧克力球在可可粉中滾一滾。在室溫下凝固10分鐘。待巧克力糖衣成形時，在濾器中搖一搖，以去除多餘的可可粉。

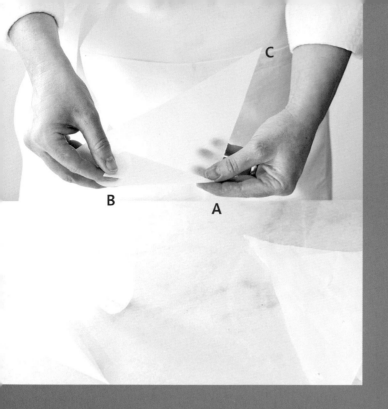

le bon geste
pour fabriquer
un cornet
et décorer
des desserts

以圓錐形紙袋進行裝飾的正確手法

依您選擇的食譜（範例請參考第322頁）調整使用巧克力的量。

以便盡可能獲得最尖的圓錐形紙袋，並將角C的尖端向圓錐形紙袋的內部折起，連結在一起，以免散開。

① 將烤盤紙裁成20×30公分的直角三角形。拿著您的三角形，直角朝著左上方。我們稱直角為A，右上方的角為B，下面的角為C。從角B捲向角A，以形成圓錐狀，尖端在三角形最長的邊上。接著從上面將角C捲起，

② 用大湯匙將圓錐形紙袋填滿微溫的融化巧克力。

③ 將圓錐形紙袋的上緣折下並封起，然後捲至讓巧克力堆積在圓錐形紙袋的尖端。必須將紙拉緊。將尖端剪下您所選擇的大小，接著為您的甜點進行裝飾。

巧克力阿布基杏仁
Amandes Aboukir au chocolat

20個

難易度 ★★★

準備時間：45分鐘

靜置時間：30分鐘

- 黃色杏仁膏200克
- 烘烤過的完整白杏仁20顆

糖衣（l'enrobage）

- 黑巧克力300克

◇ 巧克力調溫的正確手法請參考第315頁

將黃杏仁膏製作成直徑2公分的均勻長條，接著切成20塊約相當於10克的小塊。請戴上手套，用手將黃杏仁膏揉成橢圓形。將整顆杏仁擺在每個橢圓杏仁膏的縱向上，然後輕輕壓入。

糖衣的製作：請遵照下列的每個程序為黑巧克力調溫，以便獲得品質優良的巧克力結晶：將黑巧克力約略切碎。將2/3的巧克力隔水加熱至融化，溫度達烹飪溫度計的45℃。當巧克力到達此溫度，從隔水加熱的容器中取出。加入剩下的1/3，攪拌至巧克力冷卻至27℃。此時再度隔水加熱至32℃，同時不斷攪拌。

在烤盤上覆蓋一張烤盤紙。用木製牙籤插入阿布基杏仁上，將3/4浸入調溫巧克力中，接著擺上烤盤。在室溫下凝固30分鐘。

將牙籤抽出。將阿布基杏仁以密閉盒子保存在陰涼處（最高不超過12℃），然後在接下來的15天內品嚐。

主廚小巧思：若您想要其他顏色的杏仁膏，請購買原色的杏仁膏和您喜好的食用色素，在開始操作食譜前加以混合。

安娜貝拉糖
Bonbons Annabella

30顆

難易度 ★★★

浸漬時間：1個晚上

準備時間：1小時30分鐘

- 葡萄乾40克
- 蘭姆酒20毫升
- 杏仁膏150克
- 糖粉

糖衣（l'enrobage）
- 白巧克力300克

裝飾
- 黑巧克力50克

◇ 巧克力調溫的正確手法請
參考第315頁

前一天晚上，將葡萄乾以蘭姆酒浸漬。

當天，將浸漬過的葡萄乾和杏仁膏混合。在工作檯上撒上糖粉並戴上塑膠手套。將杏仁膏分成2塊，然後滾成2個均勻長條。接著將長條杏仁膏切成約寬1公分的大小（即10至15克），用您的雙手滾成球狀，然後擺在盤上。

糖衣的製作：請遵照下列的每個程序為白巧克力調溫，以獲得品質優良的巧克力結晶：將白巧克力約略切碎。將2/3的巧克力隔水加熱至融化，溫度達烹飪溫度計的40℃。當巧克力到達此溫度，從隔水加熱的容器中取出。加入剩下的1/3，攪拌至巧克力冷卻至25℃。此時再度隔水加熱至28℃，同時不斷攪拌。

用烤盤紙製作圓錐形紙袋（請參考第319頁）。將黑巧克力隔水加熱至融化。在這段時間裡，再戴上您的手套，將每顆杏仁膏球浸入調溫白巧克力中。輕輕搖動，去除多餘的巧克力，接著擺在烤盤紙上，讓白巧克力凝固。將圓錐形紙袋裝滿黑巧克力。將上緣折下，將開口封起，捲起至巧克力堆積在尖端。當白巧克力開始凝固，將紙袋的尖端剪去，用黑巧克力在球上劃出一道道條紋。

主廚小巧思：您亦能將小湯匙浸入融化的黑巧克力中，用來為安娜貝拉糖劃上條紋。請用裹上可可粉的經典松露巧克力來變化色彩並組合盛盤呈現這些巧克力。

焦糖巧克力軟糖
Caramels mous au chocolat

25顆

難易度 ★★★

準備時間：30分鐘

冷藏時間：2小時

· 黑巧克力80克
· 液狀鮮奶油250毫升
· 細砂糖250克
· 蜂蜜75克
· 奶油25克

將巧克力切碎並放入碗中。

在平底深鍋中將鮮奶油煮沸，預留備用。在另一個平底深鍋中煮50克的糖，不時以木杓攪拌。在糖呈現琥珀般的焦糖色時停止烹煮，逐漸加入鮮奶油並以木杓混合。接著倒入其餘的糖，並持續攪拌至獲得平滑的焦糖（注意別使焦糖燒焦）。

用濕潤的木杓將蜂蜜混入上述材料中。將焦糖燉煮至烹飪溫度計的114℃。加入一些切碎的巧克力，攪拌並逐步混入其餘的巧克力，接著是奶油。

在18×18公分的方形中空模中鋪上一張烤盤紙。倒入巧克力焦糖，冷藏2小時。

接著用刀身劃過模型內壁，取出方形中空模，然後將焦糖巧克力軟糖切成您喜歡的大小。

主廚小巧思：若您沒有方形中空模，您可使用方形模型，並為了方便取出而鋪上高過側邊的保鮮膜。

皇家酒香櫻桃
Cerisettes royales

30顆

難易度 ★★★

瀝乾時間：1個晚上

準備時間：30分鐘

靜置時間：30分鐘

· 留梗的蒸餾酒櫻桃300克

糖衣（l'enrobage）

· 黑巧克力350克

◇ 巧克力調溫的正確手法請參考第315頁

前一天晚上，將櫻桃瀝乾並晾乾。

當天，巧克力糖衣的製作：請遵照下列的每個程序為黑巧克力調溫，以便獲得品質優良的巧克力結晶：將黑巧克力約略切碎。將2/3的巧克力隔水加熱至融化，溫度達烹飪溫度計的45℃。當巧克力到達此溫度，從隔水加熱的容器中取出。加入剩下的1/3，攪拌至巧克力冷卻至27℃。此時再度隔水加熱至32℃，同時不斷攪拌。

拿著櫻桃梗，將櫻桃浸入調溫巧克力中。輕輕搖動以去除多餘的巧克力，接著擺在烤盤紙上。讓巧克力在室溫下凝固30分鐘。

主廚小巧思：為使巧克力在調溫後保持光滑的外觀，請務必將櫻桃存放在室溫下。

香橙巧克力球
Chardons orange

30顆

難易度 ★★★

準備時間：20分鐘＋1小時

靜置時間：1個晚上

- 糖漬柳橙45克
- 杏仁膏200克
- 櫻桃酒1大匙
- 糖粉

糖衣（l'enrobage）
- 黑巧克力350克

◇ 巧克力調溫的正確手法請
參考第315頁

前一天晚上，將糖漬柳橙切成細碎。和杏仁膏及櫻桃酒混合，直到獲得均質的杏仁膏。在工作檯上撒糖粉並請戴上塑膠手套。將杏仁膏分成2塊，然後滾成2個均勻長條。接著將長條杏仁膏切成約寬1公分的大小（即15克），用您的手滾成球狀。擺在盤上，讓杏仁球乾燥一整晚。

當天，在烤盤上鋪一張烤盤紙。

巧克力糖衣的製作：請遵照下列的每個程序為黑巧克力調溫，以便獲得品質優良的巧克力結晶：將黑巧克力約略切碎。將2/3的巧克力隔水加熱至融化，溫度達烹飪溫度計的45℃。當巧克力到達此溫度，從隔水加熱的容器中取出。加入剩下的1/3，攪拌至巧克力冷卻至27℃。此時再度隔水加熱至32℃，同時不斷攪拌。

請戴上您的手套，將杏仁球一顆顆浸入調溫巧克力中。讓巧克力在室溫下凝固，接著再次以調溫巧克力包覆。輕輕搖動杏仁球以去除多餘的巧克力，然後擺在網架上。當巧克力開始凝固，讓每顆球在網架上滾動，讓球的外層形成山峰狀。將成形的香橙巧克力球擺在烤盤上。讓巧克力球在室溫下硬化30分鐘，接著存放在密閉的盒子裡。

開心果巧克力球
Chardons pistache

40顆

難易度 ★★★

準備時間：20分鐘＋1小時

靜置時間：1個晚上

開心果糖

（**bonbons à la pistache**）

- 水1大匙
- 細砂糖20克
- 淡味的蜂蜜5克
- 開心果35克
- 杏仁膏（pâte d'amande）
  200克
- 室溫回軟的奶油20克
- 蘭姆酒1/2大匙
- 糖粉

糖衣（l'enrobage）

- 黑巧克力400克

◇ 巧克力調溫的正確手法請
參考第315頁

前一天晚上，開心果糖的製作：將水、糖和蜂蜜煮沸以製作糖漿。用攪拌器將開心果攪打至成為極細的粉末。混入糖漿中，然後持續攪拌至獲得柔軟的膏狀。將上述開心果膏與杏仁膏、室溫回軟的奶油及蘭姆酒混合均勻。在工作檯上撒糖粉，並請戴上塑膠手套。將上述膏狀物切成2塊。滾成2個30公分長條，再切成2公分的大小，接著用您的手滾成球狀。擺在盤上，讓開心果球乾燥一整晚。

當天，在烤盤上鋪上一張烤盤紙。

巧克力糖衣的製作：請遵照下列的每個程序為黑巧克力調溫，以便獲得品質優良的巧克力結晶：將黑巧克力約略切碎。將2/3的巧克力隔水加熱至融化，溫度達烹飪溫度計的45℃。當巧克力到達此溫度，從隔水加熱的容器中取出。加入剩下的1/3，攪拌至巧克力冷卻至27℃。此時再度隔水加熱至32℃，同時不斷攪拌。

請戴上您的手套，將球一顆顆浸入調溫巧克力中。讓巧克力在室溫下凝固，接著再次以調溫巧克力包覆。輕輕搖動巧克力球以去除多餘的巧克力，然後擺在網架上。當巧克力開始凝固，讓每顆球在網架上滾動，讓球的外層形成山峰狀。將成形的開心果巧克力球擺在烤盤上。讓巧克力球在室溫下硬化30分鐘，接著存放在密閉的盒子裡。

鑽石形香蕉巧克力
Chocolats moulés à la banane

30顆

難易度 ★★★

準備時間：1小時

烹調時間：10分鐘

冷藏時間：40分鐘

香蕉甘那許

· 蜂蜜50克

· 奶油10克

· 香蕉1/2根（約75克）

· 牛奶巧克力65克

· 黑巧克力35克

· 液狀鮮奶油50毫升

糖衣（l'enrobage）

· 黑巧克力400克

◇ 巧克力調溫的正確手法請
參考第315頁

香蕉甘那許的製作：在平底深鍋中加熱蜂蜜和奶油。將香蕉壓成泥，在混合物中烹煮至融化，預留備用。將2種巧克力約略切碎並放入碗中。將鮮奶油煮沸，接著倒入巧克力中，均勻混合。混入融化的香蕉，靜置至甘那許變得濃稠。

巧克力糖衣的製作：請遵照下列的每個程序為黑巧克力調溫，以便獲得品質優良的巧克力結晶：將黑巧克力約略切碎。將2/3的巧克力隔水加熱至融化，溫度達烹飪溫度計的45℃。當巧克力到達此溫度，從隔水加熱的容器中取出。加入剩下的1/3，攪拌至巧克力冷卻至27℃。此時再度隔水加熱至32℃，同時不斷攪拌。

將聚碳酸酯材質的巧克力模填滿調溫巧克力。將模型在工作檯上敲打，以趕走氣泡，接著倒扣，讓多餘的巧克力流出：唯有內壁必須保有覆蓋的巧克力。刮除模型表面，以保持邊緣潔淨，並讓巧克力在室溫下凝固30分鐘。接著使用裝有圓口擠花嘴的擠花袋，將冷卻的香蕉甘那許填入模型至3/4滿。冷藏凝固20分鐘。在模型上覆蓋上一層調溫巧克力，用來包覆甘那許，並再度將上面刮除，以維持邊緣的潔淨。再冷藏凝固20分鐘。當巧克力凝固時，將模型倒扣，輕敲工作檯以脫模。

主廚小巧思：在蜂蜜和奶油中烹煮香蕉後，您可以用蘭姆酒加以焰燒，然後將香蕉壓成泥，如此可使香蕉巧克力的香味更加濃郁。

檸檬茶巧克力
Chocolats au thé citron

50顆

難易度 ★★★

準備時間：1小時

浸泡時間：15分鐘

冷藏時間：50分鐘

檸檬茶甘那許

- 水50毫升
- 檸檬茶包2個
- 檸檬汁2顆
- 牛奶巧克力240克
- 黑巧克力80克
- 蛋黃2個
- 細砂糖100克
- 液狀鮮奶油50毫升

糖衣（l'enrobage）

- 黑巧克力400克
- 糖粉
- 切成細碎的黃檸檬皮3顆

◇ 包覆巧克力糖衣的正確手法請參考第318頁

檸檬茶甘那許的製作：將水加熱，加入檸檬茶包，然後浸泡15分鐘。將浸泡的檸檬茶用漏斗型網篩過濾，以獲得20至30毫升（相當於2大匙）的檸檬茶。加入檸檬汁後預留備用。將巧克力切成細碎並放入碗中。用攪拌器攪拌蛋黃和一半的糖。在平底深鍋中將鮮奶油、檸檬茶和其餘的糖煮沸，然後將所有材料倒入蛋黃和糖的混合物中，並快速攪拌。將所有材料倒入平底深鍋中，以文火燉煮，不斷以木杓攪拌，直到奶油變稠並附著於杓背（注意別把奶油醬煮沸）。倒入巧克力中，用攪拌器小心地混合至獲得均質的稠狀甘那許。將甘那許冷藏約30分鐘直到凝固。

用小湯匙或裝有圓口擠花嘴的擠花袋將甘那許製作成小球狀，然後冷藏。

巧克力糖衣的製作：請遵照下列的每個程序為黑巧克力調溫，以便獲得品質優良的巧克力結晶：將黑巧克力約略切碎。將2/3的巧克力隔水加熱至融化，溫度達烹飪溫度計的45℃。當巧克力到達此溫度，從隔水加熱的容器中取出。加入剩下的1/3，攪拌至巧克力冷卻至27℃。此時再度隔水加熱至32℃，同時不斷攪拌。

將盤子裝滿糖粉至與邊緣齊平，然後和檸檬皮混合。當甘那許球凝固時，從冰箱中取出。請準備叉子（或巧克力叉），叉上甘那許球並浸入調溫巧克力中。接著在碗的邊緣上輕拍，然後輕輕地搖動，以去除多餘的巧克力。在糖粉和檸檬皮的混合物中滾一滾，置於網架上成形。當巧克力變硬時，在濾器中搖動以去除多餘的糖粉，然後保存在密封的盒子裡。

抹茶巧克力
Chocolats au thé vert matcha

50顆

難易度 ★★★

準備時間：1小時

冷藏時間：50分鐘

抹茶甘那許

- 牛奶巧克力240克
- 黑巧克力80克
- 蛋黃2個
- 細砂糖100克
- 液狀鮮奶油100毫升
- 抹茶粉1/4小匙

糖衣（l'enrobage）

- 黑巧克力400克
- 無糖可可粉

◇ 巧克力調溫的正確手法請
參考第315頁

抹茶甘那許的製作：將2種巧克力切成細碎並放入碗中。在另一個碗中用攪拌器攪拌蛋黃和糖，直到混合物泛白並變得濃稠。在平底深鍋中將鮮奶油、抹茶粉煮沸，然後將一部分倒入蛋黃和糖的混合物中，並快速攪拌。將所有材料倒入平底深鍋中，以文火燉煮，不斷以木杓攪拌，直到奶油變稠並附著於杓背（注意別把奶油醬煮沸）。平底深鍋離火，將奶油醬倒入切碎的巧克力中，小心地攪拌至混合物變得濃稠。將甘那許冷藏約30分鐘直到凝固。

用小湯匙或裝有圓口擠花嘴的擠花袋將甘那許製作成小球狀，然後冷藏。

巧克力糖衣的製作：請遵照下列的每個程序為黑巧克力調溫，以便獲得品質優良的巧克力結晶：將黑巧克力約略切碎。將2/3的巧克力隔水加熱至融化，溫度達烹飪溫度計的45℃。當巧克力到達此溫度，從隔水加熱的容器中取出。加入剩下的1/3，攪拌至巧克力冷卻至27℃。此時再度隔水加熱至32℃，同時不斷攪拌。

將盤子裝滿可可粉至與邊緣齊平。甘那許小球一凝固，就從冰箱中取出。請戴上塑膠手套或使用叉子，將甘那許球浸入調溫巧克力中。輕輕地搖動，以去除多餘的巧克力，接著在可可粉中滾一滾，讓可可粉附著上去。當巧克力變硬時，在濾網中搖動以去除多餘的糖粉，然後保存在密封的盒子裡。

蘭姆葡萄巧克力糖
Confiseries au chocolates, au rhum et aux raisins

20個

難易度 ★★★

浸漬時間：1個晚上
準備時間：30分鐘
冷藏時間：2小時

- 葡萄乾30克
- 蘭姆酒50毫升
- 細砂糖170克
- 葡萄糖（glucose或淡味的蜂蜜）60克
- 液狀鮮奶油140毫升
- 奶油15克
- 黑巧克力80克

前一天晚上，以蘭姆酒浸漬葡萄乾。

當天，將20×16公分的烤模塗上奶油並撒上麵粉。

在平底深鍋中烹煮糖、葡萄糖（或蜂蜜）至烹飪溫度計的120°C。離火後混入已瀝乾的浸漬葡萄乾，接著讓葡萄乾冷卻至60°C，不要搖動。

將巧克力約略切碎，隔水加熱至融化，然後離火。當以糖為基底的混合物稍冷卻時，混入融化的巧克力。持續輕輕地攪拌至混合物變得濃稠且不透明，但請勿過度攪拌以免形成結晶。倒入模型中，均勻地攤開來。冷藏凝固2小時。

脫模後裁成邊長4公分的方形。讓糖果在室溫下乾燥數小時，接著以密封的盒子保存。

主廚小巧思：為了更方便切塊，請使用預先泡過熱水的刀子。葡萄糖是一種不結晶的液態糖；可使糖變得柔軟。您可透過糕點專賣店、巧克力商或甚至在網路上購買。

香杏巧克力
Croustillants aux amandes

20顆

難易度 ★★★

準備時間：1小時15分鐘

冷卻時間：10分鐘

鬆脆巧克力糖

（bonbon croustillant）

- 水30毫升
- 細砂糖150克
- 去皮杏仁75克
- 去皮榛果75克
- 牛奶巧克力75克
- 法式薄脆碎片（crêpes dentelles cassées）50克

焦糖杏仁

- 水1大匙
- 細砂糖10克
- 去皮杏仁35克
- 奶油5克

糖衣（l'enrobage）

- 牛奶巧克力400克

鬆脆巧克力糖的製作：在平底深鍋中將水和糖煮沸。加入去皮杏仁和榛果，以木杓攪拌。離火後攪拌均勻，讓糖結晶，並讓乾果沾滿白色粉末。這時重新將平底深鍋開火，以文火烹煮至糖融化並焦化。當核果開始發出聲響時，熄火，鋪上一層烤盤紙，然後放涼。將糖核果敲成碎片，然後於食物料理機中研磨，直到獲得很細的粉末，並變成軟膏為止（為達此結果，請不時停下料理機，用橡皮刮刀混合粉末）。將糖杏仁榛果膏倒入碗中。將牛奶巧克力隔水加熱至融化，倒入糖杏仁榛果膏中，加入敲碎的法式薄脆並混合均勻。將上述膏狀物倒入18×14公分的矩形模型，以軟抹刀攤開。冷藏備用。

焦糖杏仁的製作：在平底深鍋中將水和糖煮沸，接著燉煮約5分鐘（達烹飪溫度計的117℃）。離火後加入杏仁並攪拌均勻，直到糖結晶且杏仁覆蓋上白色的粉末為止。將平底深鍋重新置於文火燉煮，讓糖融化並焦化。最後加入奶油。將杏仁鋪在烤盤紙上，用橡皮刮刀翻攪，以便將杏仁分開並使其冷卻。

巧克力糖衣的製作：為牛奶巧克力調溫（請參考第315頁）。

將鬆脆巧克力糖脫模，然後用泡過熱水的刀裁成2×3公分的矩形。用叉子一個個浸入調溫巧克力中。輕輕搖動，並刮除碗邊多餘的巧克力。擺在烤盤紙上，用焦糖杏仁為每一顆糖進行裝飾。

主廚小巧思：若您沒有方形模型，請使用體積同指示大小的長方形塑膠盒。

巧克力糖衣水果
Fruits enrobés

4-6人份

難易度 ★★★

準備時間：20分鐘

冷藏時間：15分鐘

· 草莓250克
· 克萊門氏小柑橘
  （clémentine）或柑橘2顆
· 黑巧克力碎片185克
· 植物油1大匙（隨意）

在烤盤上鋪烤盤紙。將草莓洗淨，保持草莓的完整。將克萊門氏小柑橘或柑橘削皮，然後分瓣。

以隔水加熱讓巧克力緩緩融化。可選擇性地加入植物油，然後混合至獲得均質的膏狀物。將碗從隔水加熱的容器中取出，接著擺在疊好的布巾上以保持熱度。

抓著草莓的葉片，將2/3浸入巧克力中。小心地在碗邊拭去多餘的巧克力，然後將草莓擺在盤上。重複同樣的步驟，在用吸水紙吸乾水分後，將柑橘或克萊門氏小柑橘浸入巧克力中。

當所有水果的3/4都包上巧克力糖衣後，冷藏15分鐘。請勿一取出冰箱就享用，因為這樣水果的味道會不夠重，而且巧克力會過硬。請置於室溫下回溫。

主廚小巧思：若在您包覆水果時，巧克力有點過稠，請再加熱隔水加熱容器裡的水，然後擺上巧克力的碗，但請勿烹煮巧克力。此食譜適用於各種水果，但最好選擇表面相當乾燥的完整水果。

白巧克力開心果軟糖
Fudges au chocolat blanc et aux pistaches

36塊

難易度 ★★★

準備時間：20分鐘

冷藏時間：2小時

- 白巧克力200克
- 奶油20克
- 液狀鮮奶油150毫升
- 淡味的蜂蜜50克
- 細砂糖125克
- 切碎的開心果80克

將18×18公分的方形模型鋪上烤盤紙。

將白巧克力切碎，和奶油一起放入碗中。將鮮奶油、蜂蜜和糖煮沸，然後加熱至烹飪溫度計的112℃。將所有材料倒入巧克力和奶油的混合物中，攪拌至獲得均質的稠狀物。接著混入磨碎的開心果。

將麵糊倒入模型中，冷藏2小時。

在軟糖凝固時，切成邊長3公分的小方塊後享用。

主廚小巧思：這些軟糖可保存1星期。

半鹽焦糖奶油巧克力糖

Gros bonbons au chocolat, caramel laitier au beurre demi-sel

10塊

難易度 ★★★

準備時間：30分鐘

烹調時間：6至8分鐘

冷卻時間：15分鐘

- 矩形法式薄煎餅
  （feuille de brik）10片
- 黑巧克力300克
- 液狀鮮奶油300毫升
- 牛奶100毫升
- 細砂糖300克
- 半鹽奶油
  （beurre demi-sel）100克
- 奶油150克

將每一片法式薄煎餅裁成20×15公分的矩形。

將巧克力切碎並放入碗中。將鮮奶油和牛奶煮沸後備用。在另一個平底深鍋中燉煮100克的糖，不時以木杓攪拌。當糖呈現琥珀般的焦糖色時，停止燉煮，加入一些鮮奶油和牛奶的混合物，同時以木杓攪拌。接著逐漸混入其餘的鮮奶油和牛奶的混合物，然後加入剩下的糖。用木杓攪拌至獲得平滑的焦糖（注意別讓糖燒焦）。將焦糖煮至烹飪溫度計的114℃。加入一些切碎的巧克力，以木杓攪拌。接著逐步加入剩餘切碎的巧克力、半鹽奶油和100克的奶油。

將所有材料倒入盤中，蓋上保鮮膜，冷藏約15分鐘，直到完全冷卻為止。

烤箱預熱200℃（熱度6-7）。在2個烤盤上鋪烤盤紙。

將冷卻的糖果分切成10等份。在每片法式薄煎餅中央擺上一顆糖，然後像包糖果一樣包起來。為了封起糖果的兩端，可用木夾固定。將糖果塗上剩餘的普通奶油，然後擺在烤盤上。於烤箱中烘烤6至8分鐘，直到法式薄煎餅著色為止。趁熱享用。

焦糖巧克力栗子
Marrons au chocolat caramélisé

12顆

難易度 ★★★

瀝乾時間：1個晚上

準備時間：30分鐘

冷卻時間：15分鐘

- 浸泡糖漿的完整栗子12顆
- 黑巧克力50克
- 細砂糖250克
- 水60毫升
- 淡味的蜂蜜50克

前一天晚上，將栗子置於架在大碗上的網架瀝乾。

當天，將黑巧克力切碎。在烤盤上鋪一張烤盤紙。

將12個迴紋針拉直，折成鉤狀，然後插在每顆栗子上。

燉煮糖、水和蜂蜜至烹飪溫度計的114℃。加入切碎的巧克力，混合均勻。

將約20公分的網架在工作檯上調好位置。將栗子浸入焦糖和巧克力的混合物中，接著將鉤子掛在網架上15分鐘，直到栗子冷卻且巧克力焦糖在瀝乾時形成梗為止。

黑巧克力乾果拼盤
Mendiants au chocolat noir

30個

難易度 ★★★

準備時間：1小時

· 黑巧克力500克
· 榛果30克
· 切成小塊的乾杏桃60克
· 開心果60克
· 乾燥的蔓越莓30克

◇ 巧克力調溫的正確手法請參考第315頁

在烤盤上覆蓋一張烤盤紙。

請遵照下列的每個程序為黑巧克力調溫，以便獲得品質優良的巧克力結晶：將黑巧克力約略切碎。將2/3的巧克力隔水加熱至融化，溫度達烹飪溫度計的45℃。當巧克力到達此溫度，從隔水加熱的容器中取出。加入剩下的1/3，攪拌至巧克力冷卻至27℃。此時再度隔水加熱至32℃，同時不斷攪拌。

將裝有直徑4公釐圓口擠花嘴的擠花袋填滿調溫巧克力，接著在烤盤上擠出直徑約3公分的小圓。

在巧克力硬化前，快速在每個圓上擺上榛果、乾杏桃塊、開心果和乾燥的蔓越莓。讓乾果拼盤在室溫下凝固30分鐘，接著保存在密封的盒子裡。

主廚小巧思：您可使用其他種類的乾果或乾燥水果來製作您的黑巧克力乾果拼盤。因此，例如您沒有蔓越莓，便可以乾燥的無花果代替。

牛奶巧克力麝香糖
Muscadines au chocolat au lait

30塊

難易度 ★★★

準備時間：1小時

冷藏時間：20分鐘

甘那許

- 牛奶巧克力200克
- 液狀鮮奶油80毫升
- 蜂蜜25克
- 糖杏仁膏
  （pâte de pralin）20克
  （請參考第314頁）

糖衣（l'enrobage）

- 牛奶巧克力350克

裝飾

- 糖粉

◇ 巧克力調溫的正確手法請
參考第315頁

在烤盤上覆蓋一張烤盤紙。

甘那許的製作：將牛奶巧克力切碎並放入碗中。將鮮奶油和蜂蜜煮沸，接著將所有材料倒入切碎的巧克力中。用木杓輕輕攪拌，加入糖杏仁膏，接著讓甘那許冷卻。甘那許一冷卻，就填入裝有寬12公釐圓口擠花嘴的擠花袋中，然後在烤盤上縱向擠出長條的圓柱體。冷藏20分鐘。接著用熱刀切成約3公分的長段。

巧克力糖衣的製作：請遵照下列的每個程序為牛奶巧克力調溫，以便獲得品質優良的巧克力結晶：將牛奶巧克力約略切碎。將2/3的巧克力隔水加熱至融化，溫度達烹飪溫度計的45℃。當巧克力到達此溫度，從隔水加熱的容器中取出。加入剩下的1/3，攪拌至巧克力冷卻至26℃。此時再度隔水加熱至29℃，同時不斷攪拌。

將糖粉放入深皿中。用叉子將甘那許塊一一浸入調溫巧克力中，輕輕搖動以去除多餘的巧克力。接著滾上糖粉，在室溫下凝固。當麝香糖硬化時，在濾器中搖動以去除多餘的糖粉。

以密封的盒子保存於陰涼處（最高不超過12℃），10天內品嚐。

主廚小巧思：為了取代杏仁膏，您可向您的糕點商要杏仁巧克力；亦可使用榛果巧克力醬，並維持同樣的份量製作。

巧克力牛軋糖
Nougats au chocolat

50塊

難易度 ★★★

準備時間：45分鐘

烹調時間：15分鐘

冷藏時間：2小時

- 榛果350克
- 糖漬櫻桃500克
- 黑巧克力300克

義式蛋白霜

- 蛋白2個
- 鹽1撮
- 細砂糖10克
- 淡味的蜂蜜300克

糖膏（pâte de sucre）

- 細砂糖280克
- 水100毫升
- 淡味的蜂蜜50克

烤箱預熱140℃（熱度4-5）。

將榛果擺在烤盤上，於烤箱中烘烤15分鐘。將糖漬櫻桃切碎。將巧克力切成細碎，隔水加熱至融化，並不時以橡皮刮刀攪拌。將所有材料預留備用。

義式蛋白霜的製作：在金屬碗中，用電動攪拌器攪拌蛋白、鹽和糖，直到呈現發泡的濃稠狀。在平底深鍋中燉煮蜂蜜至烹飪溫度計的118至120℃之間，接著少量少量地倒入蛋白中，並持續以攪拌器攪拌至蛋白變成乾性發泡並冷卻。

在邊長30×38公分的烤盤上覆蓋一張烤盤紙。

糖膏的製作：在平底深鍋中，將糖、水和蜂蜜燉煮至烹飪溫度計的145℃，並持續攪拌，讓糖充分溶解。

將糖膏少量地倒入義式蛋白霜中。再次打發，並以噴槍加熱金屬碗四周，以烘乾混合物。逐步加入融化的巧克力、切碎的櫻桃和榛果，以橡皮刮刀攪拌。在烤盤上倒滿上述材料至1.5公分的厚度。冷藏2小時。

接著將巧克力牛軋糖切成正方形或矩形小塊。

主廚小巧思：若您沒有噴槍，您可使用吹風機。您可用調溫黑巧克力或牛奶巧克力（請參考第315頁）來包裹牛軋糖塊。這些牛軋糖在密封的盒子裡可保存2至3星期。

巧克力金磚
Palets d'or

30塊

難易度 ★★★

準備時間：約1小時

冷藏時間：1小時

甘那許

- 黑巧克力170克
- 液狀鮮奶油85毫升
- 淡味的蜂蜜20克
- 室溫回軟的奶油40克

糖衣（l'enrobage）

- 黑巧克力400克

裝飾

- 食用金箔

◇ 巧克力調溫的正確手法請參考第315頁

在邊長24×14公分的烤盤上覆蓋一張烤盤紙。

甘那許的製作：將黑巧克力切碎並放入碗中。將鮮奶油和蜂蜜煮沸，然後將所有材料倒入切碎的巧克力中。用橡皮刮刀輕輕攪拌，接著加入室溫回軟的奶油。在烤盤上倒滿甘那許至6或7公釐的厚度，然後冷藏1小時。甘那許一冷卻，便在潔淨的工作檯上脫模，接著用直徑3公分的切模裁成圓形。冷藏備用。

巧克力糖衣的製作：請遵照下列的每個程序為黑巧克力調溫，以便獲得品質優良的巧克力結晶：將黑巧克力約略切碎。將2/3的巧克力隔水加熱至融化，溫度達烹飪溫度計的45℃。當巧克力到達此溫度，從隔水加熱的容器中取出。加入剩下的1/3，攪拌至巧克力冷卻至27℃。此時再度隔水加熱至32℃，同時不斷攪拌。

用叉子將甘那許圓形切片一一浸入調溫黑巧克力中，輕輕搖動以去除多餘的巧克力。擺在保鮮膜上，在室溫下凝固30分鐘。甘那許一硬化，就將甘那許磚翻面。用一些食用金箔輕巧地為甘那許磚平坦的表面進行裝飾。

以密封的盒子保存於陰涼處（最高不超過12℃），10天內品嚐。

主廚小巧思：若您沒有圓口的圓形切模，就用刀子切成方形。同樣的，若您沒有邊長24×14公分的烤盤可以鋪甘那許，就用密封盒子的蓋子鋪上烤盤紙來取代。

岩石巧克力球
Rochers

30塊

難易度 ★★★

準備時間：1小時

杏仁膏甘那許

（ganache pralinée）

- 杏仁碎粒100克
- 苦甜巧克力60克
  （可可脂含量55至70%）
- 糖杏仁膏120克
  （請參考第314頁）

糖衣（l'enrobage）

- 黑巧克力250克

◇ 巧克力調溫的正確手法請
參考第315頁

杏仁膏甘那許的製作：在不沾鍋中以文火烘烤杏仁碎粒，經常攪動，讓杏仁能均勻地上色。預留50克作為包覆用。將巧克力切碎並隔水加熱至融化。離火後加入杏仁膏和50克剩餘烘烤過的杏仁碎粒。靜置至甘那許可輕易捲起。此時，將甘那許滾成2個均勻長條，接著切成每個約10克的小塊。滾成球狀並擺在盤上。

巧克力糖衣的製作：請遵照下列的每個程序為黑巧克力調溫，以便獲得品質優良的巧克力結晶：將黑巧克力約略切碎。將2/3的巧克力隔水加熱至融化，溫度達烹飪溫度計的45℃。當巧克力到達此溫度，從隔水加熱的容器中取出。加入剩下的1/3，攪拌至巧克力冷卻至27℃。此時再度隔水加熱至32℃，同時不斷攪拌。

請戴上手套，將每顆甘那許球浸入調溫巧克力中。輕輕搖動以去除多餘的巧克力，接著擺到烤盤紙上。當黑巧克力開始凝固時，將每顆球滾上預留的烘烤杏仁碎粒。將這些岩石巧克力球以密封的盒子保存於陰涼處（最高不超過12℃），15天內品嚐。

脆岩巧克力球
Rochers croustillants

30塊

難易度 ★★★

準備時間：1小時30分鐘

焦糖杏仁條

- 去皮杏仁250克
- 水60毫升
- 細砂糖150克

糖衣（l'enrobage）

- 黑巧克力125克

◇ 巧克力調溫的正確手法請參考第315頁

焦糖杏仁條的製作：以磨得相當鋒利的刀將杏仁裁成條狀。在平底深鍋中將水和糖煮沸，接著燉煮約5分鐘（達烹飪溫度計的117℃）。離火後加入杏仁條，均勻混合，讓糖結晶且杏仁覆蓋上一層白色粉末。這時用平底鍋重新以文火將糖煮至融化並焦化。將杏仁鋪在烤盤紙上，用軟抹刀攪拌讓其冷卻，接著放入碗中。

巧克力糖衣的製作：請遵照下列的每個程序為黑巧克力調溫，以便獲得品質優良的巧克力結晶：將黑巧克力約略切碎。將2/3的巧克力隔水加熱至融化，溫度達烹飪溫度計的45℃。當巧克力到達此溫度，從隔水加熱的容器中取出。加入剩下的1/3，攪拌至巧克力冷卻至27℃。此時再度隔水加熱至32℃，同時不斷攪拌。

立刻將調溫巧克力淋在焦糖杏仁條上。用大匙在烤盤紙上擺上一堆堆上述的混合物。在室溫下凝固30分鐘。

主廚小巧思：您亦能用松子來代替杏仁。

榛果三兄弟
Trois frères noisettes

25塊

難易度 ★★★

準備時間：1小時30分鐘

焦糖榛果

- 水40毫升
- 細砂糖100克
- 榛果100克
- 奶油5克

糖衣（l'enrobage）

- 牛奶巧克力300克

◇ 巧克力調溫的正確手法請
參考第315頁

焦糖榛果的製作：在平底深鍋中將水和糖煮沸，接著燉煮約5分鐘（達烹飪溫度計的117℃）。離火後加入榛果，均勻混合，讓糖結晶且榛果覆蓋上一層白色粉末。用平底深鍋重新以文火將糖煮至融化並焦化。這時混入奶油。將榛果鋪在烤盤紙上。立即用叉子將榛果每3個集中在一起，然後讓其硬化10分鐘。

巧克力糖衣的製作：請遵照下列的每個程序為牛奶巧克力調溫，以便獲得品質優良的巧克力結晶：將牛奶巧克力約略切碎。將2/3的巧克力隔水加熱至融化，溫度達烹飪溫度計的45℃。當巧克力到達此溫度，從隔水加熱的容器中取出。加入剩下的1/3，攪拌至巧克力冷卻至26℃。此時再度隔水加熱至29℃，同時不斷攪拌。

用叉子將3個連在一起的榛果塊浸入調溫巧克力中，然後將榛果三兄弟擺在烤盤紙上。在室溫下凝固30分鐘後享用。

簡易松露巧克力
Truffes au chocolat toutes simples

50顆

難易度 ★★★

準備時間：40分鐘

冷藏時間：50分鐘

甘那許
- 黑巧克力300克
- 液狀鮮奶油100毫升
- 香草精1小匙

糖衣（l'enrobage）
- 無糖可可粉

甘那許的製作：將巧克力切成細碎並放入碗中。將鮮奶油和香草精煮沸，接著倒入切碎的巧克力中，小心地混合成濃稠的混合物。冷藏30分鐘，直到甘那許凝固。

在烤盤上鋪一張烤盤紙。用大匙或裝有圓口擠花嘴的擠花袋將甘那許製作成小球，然後擺在烤盤上。冷藏20分鐘。

巧克力糖衣的製作：將深皿裝滿可可粉。請戴上塑膠手套，用您的手將球滾成圓形。接著用叉子滾上可可粉並均勻包覆。

在非常精細的濾器中搖動以便去除多餘的可可粉，接著擺入小盒中。

以密封的盒子保存於陰涼處（最高不超過12℃），15天內品嚐。

主廚小巧思：將松露巧克力擺在裝滿可可粉的盤子裡冷藏，在未完全裹上可可粉前，可放入盒子中保存1星期。這道無酒精的食譜可為小朋友帶來巧克力的幸福。

檸檬松露巧克力
Truffes au citron

50顆

難易度 ★★★

準備時間：1小時

冷藏時間：50分鐘

檸檬甘那許

- 牛奶巧克力240克
- 黑巧克力80克
- 蛋黃2個
- 細砂糖100克
- 液狀鮮奶油100毫升
- 切成細碎的檸檬皮2顆

糖衣（l'enrobage）

- 黑巧克力400克
- 糖粉

◇ 巧克力調溫的正確手法請
參考第315頁

檸檬甘那許的製作：將巧克力切成細碎並放入碗中。用攪拌器攪拌蛋黃和糖，直到混合物泛白並變得濃稠。在平底深鍋中將鮮奶油，接著將一部分倒入蛋黃和糖的混合物中並快速攪拌。再將所有材料倒入平底深鍋中，以文火燉煮2分鐘，不斷以木杓攪拌，直到奶油變稠並附著於杓背（注意別把奶油醬煮沸）。平底深鍋離火，然後將奶油醬倒入切碎的巧克力中。小心地攪拌，直到配料呈現稠膩狀。加入切碎的檸檬皮，混合均勻，冷藏30分鐘，直到甘那許凝固。

在烤盤上鋪一張烤盤紙。用大匙或裝有圓口擠花嘴的擠花袋將甘那許製作成小球，然後擺在烤盤上。冷藏20分鐘。

巧克力糖衣的製作：請遵照下列的每個程序為黑巧克力調溫，以便獲得品質優良的巧克力結晶：將黑巧克力約略切碎。將2/3的巧克力隔水加熱至融化，溫度達烹飪溫度計的45℃。當巧克力到達此溫度，從隔水加熱的容器中取出。加入剩下的1/3，攪拌至巧克力冷卻至27℃。此時再度隔水加熱至32℃，同時不斷攪拌。

在盤子上裝滿糖粉。一旦甘那許小球凝固，就從冰箱中取出。請戴上手套，將小球浸入調溫巧克力中，接著輕輕搖動以去除多餘的巧克力。然後滾上糖粉，置於室溫下凝固。當松露巧克力硬化時，在非常精細的濾器中搖動以去除多餘的糖粉。

以密封的盒子保存於陰涼處（最高不超過12℃），7天內品嚐。

君度松露巧克力
Truffes au Cointreau

50顆

難易度 ★★★

準備時間：1小時

冷藏時間：約1小時

甘那許

- 牛奶巧克力150克
- 黑巧克力150克
- 液狀鮮奶油150毫升
- 淡味的蜂蜜50克
- 君度橙酒30毫升

糖衣（l'enrobage）

- 黑巧克力500克
- 無糖可可粉100克

◇ 包覆巧克力糖衣的正確手法請參考第318頁

在烤盤上鋪一張烤盤紙。

甘那許的製作：將牛奶巧克力和黑巧克力切碎並放入碗中。將鮮奶油和蜂蜜煮沸，接著將所有材料倒入巧克力中。用橡皮刮刀輕輕攪拌，接著加入君度橙酒。冷藏30分鐘。甘那許一冷卻，輕輕攪拌數秒，接著倒入裝有圓口擠花嘴的擠花袋中，在烤盤上擠出小球。冷藏20分鐘，這時請戴上塑膠手套，然後用您的手將球搓成圓形。再次冷藏10至15分鐘。

巧克力糖衣的製作：請遵照下列的每個程序為黑巧克力調溫，以便獲得品質優良的巧克力結晶：將黑巧克力約略切碎。將2/3的巧克力隔水加熱至融化，溫度達烹飪溫度計的45℃。當巧克力到達此溫度，從隔水加熱的容器中取出。加入剩下的1/3，攪拌至巧克力冷卻至27℃。此時再度隔水加熱至32℃，同時不斷攪拌。

將可可粉裝入深皿中。用叉子將甘那許球一一浸入調溫巧克力中，接著輕輕搖動以去除多餘的巧克力。然後滾上可可粉，置於室溫下凝固。當松露巧克力硬化時，在網目精細的濾器中搖動以去除多餘的可可粉。

以密封的盒子保存於陰涼處（最高不超過12℃），15天內品嚐。

主廚小巧思：亦可用其他種類的酒來取代君度橙酒。最後總是會剩下一些融化的巧克力，可用來製作巧克力醬。

蘭姆松露巧克力
Truffes au rhum

30顆

難易度 ★★★

準備時間：1小時

冷藏時間：30分鐘

蘭姆巧克力甘那許

· 黑巧克力170克
· 液狀鮮奶油150毫升
· 室溫回軟的奶油15克
· 蘭姆酒1小匙

糖衣（l'enrobage）

· 黑巧克力500克
· 無糖可可粉100克

在烤盤上鋪一張烤盤紙。

蘭姆巧克力甘那許的製作：將巧克力切碎並放入碗中。在平底深鍋中將鮮奶油煮沸，接著倒入巧克力中。讓巧克力融化數秒，接著混合均勻。然後混入室溫回軟的奶油和蘭姆酒。將這甘那許冷藏10分鐘。甘那許一旦冷卻，用橡皮刮刀輕輕攪拌，接著倒入裝有圓口擠花嘴的擠花袋中。在烤盤上擠出小球，然後冷藏20分鐘。請戴上塑膠手套，用您的手將球搓成圓形。冷藏備用。

巧克力糖衣的製作：請遵照下列的每個程序為黑巧克力調溫，以便獲得品質優良的巧克力結晶：將黑巧克力約略切碎。將2/3的巧克力隔水加熱至融化，溫度達烹飪溫度計的45℃。當巧克力到達此溫度，從隔水加熱的容器中取出。加入剩下的1/3，攪拌至巧克力冷卻至27℃。此時再度隔水加熱至32℃，同時不斷攪拌。

將可可粉裝入深皿。用叉子將甘那許球一一浸入調溫巧克力中，接著輕輕搖動以去除多餘的巧克力。然後滾上可可粉，置於室溫下凝固30分鐘。當松露巧克力硬化時，在網目精細的濾器中搖動以去除多餘的可可粉。

以密封的盒子保存於陰涼處（最高不超過12℃），15天內品嚐。

摩卡咖啡松露巧克力
Truffettes au café moka

45-50顆

難易度 ★★★

準備時間：1小時

冷藏時間：約1小時

甘那許

- 牛奶巧克力120克
- 黑巧克力180克
- 液狀鮮奶油200毫升
- 蜂蜜45克
- 即溶咖啡15克
- 細砂糖100克

糖衣（l'enrobage）

- 黑巧克力400克
- 烘烤杏仁碎粒40克

◇ 包覆巧克力糖衣的正確手法請參考第318頁

甘那許的製作：將牛奶巧克力和黑巧克力約略切碎並放入碗中。將鮮奶油、蜂蜜和即溶咖啡煮沸，備用。在平底深鍋中乾煮糖，直到呈現褐色焦糖的顏色。小心而緩慢地將鮮奶油、蜂蜜、咖啡的混合物倒入焦糖中，以阻止糖繼續焦化。再次煮沸，接著倒入巧克力中。用橡皮刮刀輕輕攪拌。冷藏30分鐘。甘那許一冷卻，輕輕攪拌數秒，接著倒入裝有圓口擠花嘴的擠花袋中，在烤盤上擠出小球。冷藏20分鐘。請戴上塑膠手套，用您的手將球搓成圓形。再次冷藏10至15分鐘。

巧克力糖衣的製作：請遵照下列的每個程序為黑巧克力調溫，以便獲得品質優良的巧克力結晶：將黑巧克力約略切碎。將2/3的巧克力隔水加熱至融化，溫度達烹飪溫度計的45℃。當巧克力到達此溫度，從隔水加熱的容器中取出。加入剩下的1/3，攪拌至巧克力冷卻至27℃。此時再度隔水加熱至32℃，同時不斷攪拌。

用叉子將甘那許球一一浸入調溫巧克力中。輕輕搖動以去除多餘的巧克力，然後擺在烤盤紙上。當黑巧克力開始凝固時，將每顆球滾上切碎的杏仁。

以密封的盒子保存於陰涼處（最高不超過12℃），15天內品嚐。

主廚小巧思：您可用玉米片來取代烘烤的杏仁。

詞彙表 Glossaire

B

BAIN-MARIE 隔水加熱 一種烹調或再次加熱法。將含有配料的容器擺在裝有微滾熱水的鍋中，不直接將配料煮沸（如：沙巴雍），也能維持熱度（如：醬料）或使材料緩慢地融化（如：巧克力）。

BEURRE CLARIFIÉ 澄清奶油 在以極微小的火加熱時，去除固體微粒（乳清）的一種奶油。不像一般奶油那麼容易燃燒，也較不容易氧化變質。

BEURRE NOISETTE 榛果奶油 加熱融化至呈現棕色，而且乳清附著於鍋底的一種奶油。

BEURRE EN POMMADE 奶油糊
用攪拌器將室溫回軟的奶油攪打成鬆軟且泛白的濃稠膏狀。

BEURRER 塗奶油 **1.**用毛刷在容器中塗上融化或室溫回軟的奶油，以免配料沾黏容器。**2.**將奶油混入配料中。

BISCUIT 蛋糕體 以蛋黃、糖、麵粉和打成泡沫狀的蛋白為基底的蓬鬆材料。

BLANCHIR 使變白 用攪拌器將蛋黃和糖攪拌至混合物泛白且濃稠。

C

CARAMÉLISER 使成焦糖 **1.**將糖煮至顏色變深。用來淋在配料上或作為焦糖醬。
2. 為模型塗上焦糖。
3. 將糕點（如：烤布蕾）在烤箱的網架下上色。
4. 在配料中加入焦糖提味。
5. 為泡芙蓋上焦糖。

CERCLE À PÂTISSERIE 慕斯圈 有各種直徑（從6至34公分）和高度的金屬圈，用以集中糕點（如：甜點、慕斯等）。糕點師傅偏好使用模型來製作塔和布丁。

CHANTILLY 鮮奶油香醍 一種加了糖和香草的打發鮮奶油。

CHINOIS 漏斗型濾網 尖底有柄的精細金屬濾器。

COMPOTER 糖煮 極緩慢地燉煮配料至材料收乾而成糖煮食材。

CONCASSER 磨碎 用刀子將材料切碎，或用研磨棒在研缽中將材料搗碎。

CONFIT 糖漬 用以形容食物浸泡在某種材料（如：糖、酒精）直到飽和，以利保存。

COUCHER 塑形擺盤 用裝有圓口或星形擠花嘴的擠花袋，在烤盤上以固定間隔擺放如泡芙等材料。

COULIS 醬汁 非常精純的液態果泥，以食物料理機攪拌新鮮或烹煮水果，並以濾器過濾配料而得，可加糖或不加糖。

CRÈME ANGLAISE 英式奶油醬 一種濃稠的香草奶油醬，以牛奶、蛋黃和糖為基底，可搭配數種甜點，亦可作為冰淇淋的基本材料。在英式奶油醬中，香草可用其他味道取代（如：巧克力、開心果等）。

CRÈME FOUETTÉE 打發的鮮奶油
一種以攪拌器攪拌至凝固，且不會從攪拌器上滴落的液狀鮮奶油。

CRÈME PÂTISSIÈRE 卡士達奶油醬
一種濃稠的奶油醬，以牛奶、蛋黃、糖和麵粉為基底，傳統上以香草來增添風味，用來作為多種糕點的餡料。亦可用澱粉或布丁粉來取代麵粉。

CRÉMER 使成乳霜狀 **1.** 將奶油和糖攪打形成發白的奶油混合物。
2. 在配料中混入鮮奶油。

D

DÉCUIRE 摻水熬稀 降低配料（如：焦糖、糖漿）烹煮的程度。加入所需的冷液體量，使配料形成圓潤的稠度。

DÉLAYER 摻水攪和 讓物質在液體中溶解。

DESSÉCHER 乾燥 在爐火上用木杓持續攪拌，以排除配料多餘的水分，直到配料脫離鍋壁，並纏繞在木杓周圍（如：泡芙、水果軟糖等）。

DÉTAILLER 剪裁 用切割器或刀子在預先鋪好的麵糊上裁出形狀。

DÉTREMPE 基本揉和麵糰 麵粉、水和鹽的混合物；為製作千層麵糰的第一階段。

DORER 染成金黃色 用毛刷在麵糊上刷上蛋黃或打散的蛋，以便在烘烤過後獲得發亮且上色的麵皮。

DORURE 蛋黃漿 全蛋或打散的蛋黃，可加入水，在烘烤前用來為麵糊上色。

DOUILLE 擠花嘴 金屬或塑膠製的圓錐形中空零件，和擠花袋一起用來將配料擠在烤盤上，或用來裝飾甜點。擠花嘴可以是圓口或星形的。

E

EFFILER 切片 用手或機器將像是杏仁等乾果從縱向切成薄片。

ÉMINCER 切成薄片 將如水果等農產品切成均勻的薄片。

ÉMONDER OU MONDER 修剪或去皮 在汆燙後去除果皮（如：杏仁、桃子、開心果）。

EMPORTE-PIÈCE 切割器（壓模） 金屬或合成材質的工具，有各種形狀（圓形、橢圓形、半圓形等），可在麵皮上裁出規則的形狀。

ENROBER 裹以糖衣 將食物均勻地覆蓋上另一種食材（如：巧克力、可可粉、糖等）。

ÉPONGER 吸乾 用毛巾或吸水紙將多餘的液體或油吸去。

ESSENCE 精華 極濃縮的食材（如：咖啡等）萃取，用來為配料提味。

ÉVIDER 挖空 將食物挖洞或將其內容物掏空（如：蘋果等）。

F

FAÇONNER 塑形 將配料塑成特定的形狀。

FARINER 撒麵粉 在工作檯、配料、模型，或甚至是烤盤上覆蓋薄薄一層麵粉。

FONCER 套模 將預先擀好的麵皮套入模型或容器的底部和邊緣。

FONDRE 融化 加熱使固態食物（如：奶油、巧克力等）成為液態。

FONTAINE 凹槽 排列成環狀的麵粉，中間放入其他所需的食材以製作麵糊。

FOUETTER 打發 用攪拌器攪拌配料，使呈現乳白色、變得蓬鬆或起泡。

FOURRER 填餡 將配料（如：泡芙餡、糖衣水果等）填入鹹或甜的菜餡內。

FRAISER OU FRASER 揉麵糰 用手掌心將麵糰推到自己面前壓扁，讓麵糰均勻而不過度揉捏。

FRÉMIR 微滾 加熱液體至煮沸前氣泡剛開始冒出的階段。

FRIRE 油炸 將食物浸泡在熱油中烹煮。

G

GANACHE 甘那許 將滾燙的鮮奶油倒入切碎的巧克力中所獲得的混合物。可用來裝飾甜點、填入蛋糕或糖果中。

GÉNOISE 海綿蛋糕 由糖和蛋的混合物所組成的蓬鬆麵糊，在隔水加熱後攪拌至冷卻，然後加入大量的麵粉。用作不同蛋糕的基底，可用各種食材（如：杏仁、榛果、巧克力等）進行裝飾。

GLACER 覆以鏡面 在甜點的表面覆蓋上鏡面或糖粉，讓外觀變得更漂亮可口。

GRILLER 烘烤 將核桃、杏仁、開心果等擺在烤盤上，在熱烤箱中均勻地烤成金黃色。

GRUÉ DE CACAO 可可脆片 烘焙可可豆碎片。可在食品材料專賣店找到。

H

HACHER 切碎 用刀子或料理機將糖漬水果、巧克力、榛果、杏仁等分成小塊。

HUILER 上油 1.在烤盤或模型中塗上一層薄薄的油，以避免沾鍋。
2. 形容不均勻的杏仁巧克力。

I

IMBIBER 浸透 使配料（如：巴巴、海綿蛋糕）充滿糖漿或酒精，使質地變得柔軟並增添香味。

INCORPORER 混和，摻合 逐漸將一種食材放入另一食材中並攪拌均勻。

INFUSER 浸泡 將芳香的素材放在煮沸的液體中，讓液體充滿香氣。

L

LEVURE DE BOULANGER 麵包酵母 濕溫的澱粉菇類，以排放二氧化碳來引起發酵：二氧化碳試圖逸出，因而造成麵糰膨脹。新鮮的麵包酵母可從麵包店購得。

LEVURE CHIMIQUE 泡打粉 無味的化學發粉，由小蘇打和塔塔粉所構成，市面上以每包11克的小包裝販賣。

M

MACÉRER 浸漬 讓乾燥、新鮮或糖漬水果浸泡在液體（如：酒、糖漿、茶）中，讓水果充滿液體的香味。

MARBRÉ 大理石花紋 用來形容以兩種技術上相同，但香味和顏色形成對比的麵糊所組成的甜點（大理石蛋糕、大理石冰淇淋）。

MERINGUE 蛋白霜 打成泡沫狀的蛋白和糖的混合物。蛋白霜有三種：
1. 法式蛋白霜：在打成泡沫狀的蛋白中逐漸加入糖。
2. 義式蛋白霜：在打發的蛋白中混入加熱的糖。
3. 瑞士蛋白霜：在隔水加熱的過程中攪打蛋白和糖。

MONDER 去皮，見修剪（ÉMONDER）。

MONTER 攪打 用攪拌器攪拌食材（如：蛋白、鮮奶油）或混合物使其蓬鬆。

N

NAPPAGE 果膠 以（杏桃或覆盆子）果醬為基底的液態果凍。融化後用來覆蓋在糕點和水果塔上，以便形成耀眼且可口的外觀。

NAPPER 上果膠 1. 為甜點覆蓋上果膠，讓外觀更完美。
2. 在甜點上淋醬汁或奶油醬。
3. 將英式奶油醬煮至均勻且覆蓋木杓的濃稠狀。

P

PASSER 過篩 用濾器或漏斗型網篩過濾液體或半液體的配料，以去除固體微粒。

PÂTE DE CACAO 可可塊 搗碎可可豆後所獲得的團塊。這是所有以可可或巧克力為基底的產品原料。可在食品材料專賣店中找到。

PÂTON 起酥麵糰 已經折疊但尚未烘烤的千層酥麵糰。

PÉTRIR 揉麵 混合、攪拌、揉捏配料的食材以獲得麵糰。

PINCÉE 撮 用食指和拇指抓食材（如：鹽、糖等）的少量。

PIQUER 戳洞 用叉子在塔麵糰底部鑽出小洞，讓塔底不會因烘烤而膨脹。

POCHER 水煮 將食材在維持微滾的液體中烹煮，尤指將水果投入含糖的液體中。

POUSSER 發 用以形容麵糰在麵包酵母發酵的影響下體積增加。

PRALIN 糖杏仁 以磨得細碎的焦糖杏仁和(或)榛果為基底的配料。可在食品材料專賣店找到糖杏仁包。

PRALINER 摻或撒以糖杏仁屑 1. 混入杏仁膏，為配料提味。
2. 製造杏仁巧克力的階段：用杏仁或榛果將煮過的糖包起來。

Q

QUENELLE 梭形 用兩根一樣的大湯匙將配料、冰淇淋或慕斯塑成蛋形。

R

RAYER 畫線 用刀尖在塗上蛋黃液，準備要烘烤的麵皮上進行裝飾，例如國王烘餅、蘋果派等。

RÉDUIRE 收乾 持續煮沸液體，讓液體蒸發並減少體積。配料變得更濃稠，香味更濃烈。

RÉSERVER 預留 將之後準備要使用的素材擺在一旁的陰涼處或維持熱度。

RUBAN 緞帶狀 用以形容經過充分打發的配料光滑、均勻，舉起攪拌器時，流下的混合料會不斷形成緞帶狀。

S

SABLER 油酥 將脂質與麵粉混合，讓脂質均勻地分佈。在混合物變得脆弱時就必須停止揉捏。

T

TAMISER 過篩 透過篩子或精細的濾器過濾食材（如：可可粉、麵粉、糖粉、泡打粉等），以去除結塊。

TAPISSER 鋪滿 將模型表面以配料、麵糰或烤盤紙覆蓋。

TEMPÉRER 調溫 透過三個不同的溫度階段（參考第315頁）來提煉巧克力，如此可提升巧克力的亮度並強化韌度。調溫過後的巧克力可用來塑模、製作刨花、或作為糖衣。

TOURER 折疊 將麵糰（千層麵糰、可頌麵糰）在奶油上折疊，以便混入奶油。

TRAVAILLER 揉捏 用手、工具或使用攪拌器使勁攪拌或攪動配料，以混入空氣、新素材，或甚至是讓配料變得蓬鬆或光滑。

TURBINER 攪拌製冰 讓混合物在雪酪機中攪拌至固化成冰淇淋或雪酪。

V

VERGEOISE 砂糖 精製、有色、綿軟的甜菜糖或蔗糖。市面上販賣的是二砂（金砂糖）和黑糖（紅糖）。

Z

ZESTER 剝皮 用削刮刀或削皮刀提取柑桔類水果（如：柳橙、檸檬等）的外皮。果皮可混入配料中以增添香氣。

依食材分類的食譜索引　Index ingrédients

從A到Z的食譜索引　Index A à Z

致謝 Remerciements

藍帶廚藝學院想感謝其分布全球，位於20個國家，超過30所學校的廚師團隊，他們使本書得以撰寫，並為本書《法國藍帶巧克力聖經》端出了他們的關鍵技術和創造力。

我們想對以下機構及人士表達我們的萬分感激：巴黎學校以及廚師Patrick Terrien、 Nicolas Bernardé (MOF法國最佳職人)、 Marc Chalopin、 Didier Chantefort、 Philippe Clergue、 Xavier Cotte、Jean-François Deguignet、Patrick Lebouc、 Franck Poupard、 Bruno Stril、 Marc Thivet 和 Jean-Jacques Tranchant； 倫敦學校（大不列顛）以及廚師Yann Barraud、 Éric Bédiat、Christophe Bidault、Stuart Conibear、Jérôme Drouart、 Franck Jeandon、Loïc Malfait、 Julie Walsh和Jonathan Warner；東京學校（日本）以及廚師Olivier Oddos、Marc Bonard、Dominique Gros、Hiroyuki Honda、Kenji Hori、Patrick Lemesle 和 Katsutoshi Yokoyama；神戶學校（日本）以及廚師Bruno Lederf (法國最佳職人)、Thierry Guignard、 Nakamura Minoru、Kawamichi Tsuyoshi 和 Cyril Veniat；渥太華學校（加拿大）以及廚師Phillipe Guiet、Armando Baisas、Jean Marc Baque、Marc Berger、Hervé Chabert、Christian Faure (法國最佳職人)、Benoît Gelinotte、Nicholas Jordan、Thierry Laroche、Gilles Penot、Christopher Price 和 Daniel Verati；漢城學校（南韓）以及廚師Philippe Bachmann、Laurent Beltoise、Franck Colombie 和Jean-Pierre Gestin；利馬學校（秘魯）以及廚師Cecilia Aragaki Uechi、Jaques Benoit、Gabriela Espinosa Anaya、Gregor Funche Krümdiek、César Gago Salazar、 Gloria Hinostroza de Molina、Pierre Marchand Gómez-Sáanchez、José Meza Maldonado、Andrea Monge、Samuel Moreau、Fernando Oré Lund、Maríe del Pilar Alvarez de Ruesta、Daniel Punchín León、Olivier Rousseau 和Mariella Vargas Loret de Mola；墨西哥學校（墨西哥）以及廚師Patrick Martin（副校長）、 Denis Delaval、Arnaud Guerpillon、Christian Leroy、Raul Martinez和Carlos Santos；曼谷學校（泰國）以及廚師Fabrice Danniel、Arnaud Lindivat、Cédric Maton、Bruno Souquières和Pruek Sumpantaworavoot；由廚師Hervé Boutin (法國最佳職人)和George Winter負責的澳洲學校；在Paul Ryan和Brian Williams保護下的美國學校；以及PIERRE DEUX-FRENCH COUNTRY®的團隊，感謝他們提供附屬設施的使用，讓我們得以呈現餐桌藝術和法式生活藝術。

若沒有協調和管理團隊的專業、時時刻刻的不間斷和熱忱，沒有攝影師和主廚Daniel Walter帶領下的「試驗者」：Sylvie Alarcon、Catherine Baschet、Kaye Baudinette、Isabelle Beaudin、Guillemette Bouche、Émilie Burgat、Robyn Cahill、 Marie-Anne Dufeu、Mélanie Hergon、Christian Lalonde (PhotoluxStudio)、Leanne Mallard、Sandra Messier、Kathy Shaw 和Lynne Westney，本著作是不可能出版的。

我們特別感謝Larousse的Isabelle Jeuge-Maynart （總裁）和Ghislaine Stora（副總裁）和他們的整個團隊：Véronique de Finance-Cordonnier、Colette Hanicotte, Brigitte Courtillet、Aude Mantoux等人。

烘烤溫度對照表 TABLEAU INDICATIF DE CUISSON

溫度調節器 Thermostat	1	2	3	4	5	6	7	8	9	10
溫度 Température	30 ℃	60 ℃	90 ℃	120 ℃	150 ℃	180 ℃	210 ℃	240 ℃	270 ℃	300 ℃

此對照表適用於傳統的電烤箱。至於瓦斯爐或電磁爐，請參考製造說明。 Ces indications sont valables pour un four électrique traditionnel. Pour les fours à gaz ou électriques à chaleur tournante, reportez-vous à la notice du fabricant.

法國－加拿大等量表 TABLE DES ÉQUIVALENCES FRANCE – CANADA

重量 Poids	55 克	100 克	150 克	200 克	250 克	300 克	500 克	750 克	1 公斤
	2 盎司	3,5 盎司	5 盎司	7 盎司	9 盎司	11 盎司	18 盎司	27 盎司	36 盎司

此等量表可計算將近幾克的重量（事實上，1盎司＝28克）
Ces équivalences permettent de calculer le poids à quelques grammes près (en réalité, 1 once = 28 g).

容積 Capacités	5 毫升	10 毫升	15 毫升	20 毫升	25 毫升	50 毫升	75 毫升
	2 盎司	3,5 盎司	5 盎司	7 盎司	9 盎司	17 盎司	26 盎司

為了方便測量容量，在這裡使用相當於250毫升的量杯（事實上，1杯＝8盎司＝230毫升）
Pour faciliter la mesure des capacités, une tasse équivaut ici à 25 cl (en réalité, 1 tasse = 8 onces = 23 cl).

容量 CAPACITÉS ET CONTENANCES

容積 Capacités		重量 Poids
1 小匙	5毫升	玉米粉3克／精鹽或細砂糖5克
1點心匙	10毫升	
1大匙	15毫升	乳酪絲5克／可可粉、咖啡粉或麵包粉8克／麵粉、米、粗粒小麥粉、新鮮奶油或油12克／精鹽、細砂糖或奶油15克
1咖啡杯	100毫升	
1茶杯	120-150毫升	
1碗	350毫升	麵粉225克／可可粉或葡萄乾260克／米300克／細砂糖320克
1利口酒杯	25-30毫升	
1波爾多酒杯	100-120毫升	
1大水杯	250毫升	麵粉150克／可可粉170克／粗粒小麥粉190克／米200克／細砂糖220克
1酒瓶	750毫升	